# 物联网技术及其应用

吴启武　姜灵芝　童　涛　周　阳　编著

西北工业大学出版社

西　安

**【内容简介】** 全书共分为8章，分别为物联网概述、物联网感知识别技术、物联网网络通信技术、物联网管理服务技术、物联网安全技术、物联网典型民事应用、物联网典型军事应用、物联网工程应用案例，围绕物联网发展现状、关键技术、典型民事和军事应用、工程应用五大方面进行较详细的阐述，内容翔实全面，适合高年级本科生、研究生及在职培训学员使用。本书可有效地促进读者对物联网技术的深入理解，强化读者对物联网应用的理性认识，为将来实际物联网的设计、分析与应用打下坚实的基础。

**图书在版编目(CIP)数据**

物联网技术及其应用 / 吴启武等编著. -- 西安：西北工业大学出版社，2024. 8. -- ISBN 978-7-5612-9374-4

Ⅰ. TP393.4;TP18

中国国家版本馆 CIP 数据核字第 2024RN7122 号

WULIANWANG JISHU JIQI YINGYONG

**物 联 网 技 术 及 其 应 用**

吴启武　姜灵芝　童涛　周阳　编著

**责任编辑**：万灵芝　　**策划编辑**：杨　军

**责任校对**：李文乾　胡欣慧　　**装帧设计**：高永斌　李　飞

**出版发行**：西北工业大学出版社

**通信地址**：西安市友谊西路127号　　**邮编**：710072

**电　　话**：(029)88493844，88491757

**网　　址**：www.nwpup.com

**印 刷 者**：西安五星印刷有限公司

**开　　本**：787 mm×1 092 mm　1/16

**印　　张**：10.5

**字　　数**：256千字

**版　　次**：2024年8月第1版　　2024年8月第1次印刷

**书　　号**：ISBN 978-7-5612-9374-4

**定　　价**：49.00元

# 前　言

随着计算机信息技术和微电子技术的发展，物联网得到国内外的普遍重视并快速发展。物联网是社会信息化发展和科学技术发展的自然推动产物，具有很大的发展潜力和巨大的市场空间。目前，我国正积极推进物联网的应用与发展，并出台了相应的物联网发展规划，以“互联网＋”为驱动力，形成创新驱动、应用牵引、协同发展、安全可控的物联网发展格局。随着我国信息通信行业“十四五”规划正式发布，物联网在新一轮产业变革中的意义更加凸显。以云计算、大数据为代表的新技术的发展，也将推动“万物互联”时代的到来。

本书围绕物联网的相关技术和应用展开介绍，全书共分为8章，各章内容安排如下：第1章介绍了物联网的定义、形成和发展，重点介绍了物联网的分层体系结构和时代特征，同时分析了近年来物联网的研究热点和应用领域。第2章首先对物联网RFID技术和传感器技术的起源、系统组成、工作原理、分类和应用领域进行了介绍，然后阐述了特征识别技术、室内定位技术和智能交互技术。第3章主要对蓝牙技术、ZigBee技术、6LoWPAN技术、M2M技术、Li-Fi技术、5G技术、空间物联网及无线传感器网络技术等进行了介绍。第4章介绍了物联网中间件、网格概念和特点，重点讨论了物联网管理服务技术，包括云计算、雾计算、区块链、数字孪生、可穿戴计算、数据挖掘技术和数据融合技术。第5章分析了物联网三类安全问题——感知层安全问题、网络层安全问题、应用层安全问题，然后讨论了物联网安全体系结构的框架和安全机制，最后重点阐述了物联网信息安全技术和隐私保护。第6章介绍了物联网在智慧农业、智能交通、智能楼宇、智慧医疗、智能电网、智能校园中的典型民事应用。第7章以物联网的军事应用为基础，分析了军事物联网的应用需求和应用领域，然后给出了军事物联网的定义，介绍了多种物联网军事应用，最后对物联网在军事应用中面临的问题进行了分析。第8章为物联网工程应用案例，详细介绍了基于OBD的车辆远程故障诊断系统和基于物联网的智慧工地管理系统、智慧校园管理系统和城市北斗消防救援管理系统的设计。

在编写本书过程中，查阅了大量物联网技术最新研究成果和技术资料，已在参考文献中一一列出，在此向其作者表示诚挚的感谢。

由于水平有限，书中难免有不足之处，恳请广大读者批评指正。

**编著者**

2024年4月

# 目　录

# 第1章　物联网概述

**本章目标**

(1)了解物联网的定义、概念的形成与发展。
(2)掌握物联网的分层体系结构。
(3)掌握物联网的时代特征。
(4)熟悉物联网的研究热点和应用领域。

物联网(Internet of Things,IOT)技术的发展是科学技术在全世界掀起的一场风暴,快速席卷人类生活方方面面,改变了人类的出行、生活、饮食、工作等,为世界经济注入了新的活力。近年来,物联网技术为人们提供了优质的服务和产品,让人们感受到物联网技术带来的效率、智能和便利,促进了一系列产业的快速发展,带动了经济的腾飞。

物联网技术是一种万物互联的技术,与计算机技术、互联网技术并称为信息产业发展的三大浪潮。物联网技术是一种新型技术,可以感知万物,实现信息共享,可以促进资源的有效利用。物联网技术与人工智能、机器学习、互联网等技术融合,将改变整个世界经济形态,为世界新兴市场带来前所未有的变革,促进整个社会知识创新。因此,有必要对物联网及其相关概念进行认识。

## 1.1　物联网的定义

物联网被称为继计算机、互联网之后的第三次信息技术革命,其广阔的应用前景受到世界各国的高度关注。如果说互联网缩短了人与人之间的距离,那么物联网将消除人与物之间的隔阂,使人与物、物与物的对话得以实现。物联网的最终目的是为人类提供更好的智能服务。

目前,物联网的定义比较多。其中,行业有行业的定义,教育科技界有教育科技界的定义,众说纷纭。那么,到底什么是物联网呢?

1. ITU 的定义

早在2005年,国际电信联盟(International Telecommunication Union,IUT)就在非洲

Tunisia 举办的信息社会世界峰会(World Summit on the Information Society,WSIS)上发布了《国际电信联盟互联网报告 2005》,其中将物联网描述为:把通信距离较近的移动收发器融入各种工作和生活中,使人与人、人与物、物与物之间形成一种全新的交流模式,这种模式不受限于时间和空间。

2. 欧盟的定义

2008 年,欧盟(European Union,EU)在《物联网 2020》中对物联网的描述为:物联网是一种由标识和虚拟个性对象构成的网络,标识和个性等信息在网络空间中可以使用智慧的接口与用户、社会和环境之间进行连接与通信。

3. 美国 IBM 公司的定义

2009 年,时任美国 IBM 公司 CEO 萨缪尔·帕米沙诺(Samuel Palmisano)对物联网的描述为:物联网就是利用射频识别(Radio Frequency Identification,RFID)、传感器、超级计算机、云计算等信息技术,分析和处理大数据和繁杂的信息,通过在世界上的电网、公路、桥梁和建筑等各种物体中嵌入各类传感器,从而构建万物互联的形式,实现物体的智能控制,使得世界变成"智慧地球",实现互联网和物联网结合。

4. 我国政府工作报告中的定义

2010 年,我国在《政府工作报告》中指出,物联网即传感网,是一种利用各种信息传感设备,遵守相互规定的协议和标准,将世界上所有物品通过互联网技术互相连接,完成资源信息交换和通信,方便识别和管理的网络。

由此可见,物联网的概念是逐步发展和完善的。欧盟和 IBM 公司对物联网的定义比较类似,都以应用为特征。相对来说,我国政府工作报告对于物联网概念的定义更为明确一些,即从应用的角度明确了物联网就是对物体的智能化。

通过对比上述对物联网的定义,可知物联网应该具备三个特性:一是全面感知,即通过 RFID、传感器、二维码等技术,利用各种现有的声、光、电感知手段,实现即时采集物品状态;二是可靠传递,通过各种信息网络与互联网的结合,将采集的物品状态信息实时、准确、可靠地传递出去;三是智能处理,利用数据挖掘和云计算等新技术对海量的数据和信息进行分析和处理,提取有用的信息,实现对物体的智能管理和控制。

物联网是基于互联网、传统电信网等信息承载体,按照规定的协议和标准,让所有能行使独立功能的普通物体实现互联互通的网络。其应用领域主要包括运输和物流、工业制造、健康医疗、智能环境(家庭、办公、工厂)等,具有十分广阔的市场前景。

物联网中的"物"的含义要满足以下条件才能够被纳入"物联网"的范围:

(1)要有相应信息的接收器;

(2)要有数据传输通路;

(3)要有一定的存储功能;

(4)要有 CPU;

(5)要有操作系统;

(6)要有专门的应用程序；

(7)要有数据发送器；

(8)遵循物联网的通信协议；

(9)在世界网络中有可被识别的唯一编号。

因此，在每个物品能够被唯一标识后，利用识别、通信和计算等技术，在互联网基础上，按照规定的协议和标准，构建的连接各种物品的网络，实现“万物互联”，就是人们常说的物联网。

## 1.2　物联网概念的形成与发展

### 1.2.1　物联网概念的形成

近年来，全球经历了很多大大小小的经济危机，世界的目光也投向各种新型技术和新兴行业，5G、大数据、云计算、量子计算、物联网等新概念随之产生，受到世界各国的相继研究和应用。物联网就是这时期产生的，并在很长时间里成为很多国家和行业的救命稻草，他们寄希望于物联网技术带动社会经济发展，为他们创造经济价值和社会财富，成为新的经济增长点。

物联网的意识或想法可以追溯到20世纪末。1995年，比尔・盖茨(Bill Gates)在其《未来之路》一书中就提出了类似于物物互联的想法，当时因受限于无线网络、硬件及传感设备的条件约束，并未引起社会重视。1999年，美国麻省理工学院Auto-ID研究中心的凯文・艾什顿(Kevin Ashton)教授在他的一个报告中首次使用了“Internet of Things”这个短语。事实上，Auto-ID研究中心的目标就是在Internet的基础上建造一个网络，实现计算机与物品之间的互联，这里的物品包括各种各样的硬件设备、软件和协议等。

### 1.2.2　物联网的发展

物联网的概念一经提出，就受到世界各国的高度关注。早在2004年，日本政府机构MIC就提出u-Japan计划，该计划建议在日本建立一个不限时间和地点的任何物体和人类都能实现物联互通的网络，实现信息传输和共享。随后，韩国在2006年提出了u-Korea计划，该计划建议通过高新技术和智慧网络，在韩国建立一个可以让人们享受到科技创新成果“无所不在”的社会。

欧盟由于深陷经济危机，亟须在高科技领域寻找新的突破，2009年提出“物联网——欧洲行动计划”，该计划建议欧洲采取措施确保欧洲在建构新型互联网的过程中起主导作用，提出欧盟需要对物联网进行科学管理，实现物联网技术的快速发展。

2009年，时任美国IBM公司CEO萨缪尔・帕米沙诺在“圆桌会议”中提出“智慧地球”的设想，旨在将新一代IT(信息技术)应用到美国社会经济各行各业，将各类传感器装置装配到各种物体中，实现所有物体互相连接，构建“万物互联”的社会。

我国也在2009年开展了许多物联网应用建设,例如中国移动、中国电信、中国联通启动了M2M(Machine-to-Machine)等物联网应用。2010年,物联网作为国家战略被写入《政府工作报告》。近年来,工业和信息化部(简称“工信部”)、国务院等多部门先后出台了多项政策文件,以加快推动我国物联网技术的产业化、规模化发展。物联网已成为我国目前确定性发展方向。

2013年,我国提出《物联网发展专项行动计划》,该计划鼓励我国社会积极应用物联网技术,助力社会生产生活和社会管理方式朝着智能化、精细化、网络化方向发展,促进物联网相关学科发展和技术创新能力增强,带动社会产业结构调整和经济发展方式转变。

近年来,中国物联网行业受到各级政府的高度重视和国家产业政策的重点支持。国家陆续出台了多项政策,鼓励物联网行业发展与创新。《工业能效提升行动计划》《“十四五”可再生能源发展规划》《关于印发“十四五”冷链物流发展规划的通知》等产业政策为物联网行业的发展提供了明确、广阔的市场前景,为企业提供了良好的生产经营环境。党的二十大报告指出:“加快发展物联网,建设高效顺畅的流通体系,降低物流成本。加快发展数字经济,促进数字经济和实体经济深度融合,打造具有国际竞争力的数字产业集群。优化基础设施布局、结构、功能和系统集成,构建现代化基础设施体系。”物联网技术成为我国加快建设现代化产业体系的重要手段。

自物联网概念提出以来,世界主要国家和地区均认为物联网是当前最具有潜力的高新技术产业,是未来发展的趋势。我国在“十四五”规划中多次提到物联网概念,并将物联网划定为七大数字经济重点产业之一。随着我国政策对物联网技术发展的大力支持,我国物联网产业发展稳中向好、后劲十足。目前,我国已成为全球最大的消费市场,物联网产业规模不断扩大,各领域各产业均在物联网技术应用上发力,探索物联网技术发展、应用,抢占未来世界数字经济市场。

近年来,世界主要国家和地区均在积极主动推进智慧城市、智慧社会、智能制造等多个领域的物联网项目建设试点。随着物联网技术的进一步发展和成熟,未来更多应用将逐渐从单一设备扩展到多终端设备。可以说,随着物联网应用不断扩大,物联网必将成为引领未来产业变革的一股新兴力量。

物联网发展的走向可以概括为以下几点:

(1)网络从虚拟走向现实,从局域走向泛在;

(2)物联网将信息化过渡到智能化;

(3)物联网产业发展最关键的是应用牵引;

(4)物联网带来信息技术的第三次革命;

(5)物联网运营商与RFID发展空间很大;

(6)核心技术就是核心竞争力;

(7)物联网与移动网趋向融合;

(8)运营商正在引导物联网。

根据工信部数据,截至2022年底,我国已经初步形成窄带物联网(NB-IoT)、4G和5G多网协同发展的格局,网络覆盖能力持续提升。2022年,移动通信基站总数达1 083万个,全年净增87万个。其中，窄带物联网规模全球最大，实现了全国主要城市乡镇以上区域连续覆盖。移动网络的终端连接总数已达35.28亿户，其中代表“物”连接数的移动物联网终端用户数较移动电话用户数多1.61亿户，占移动网络终端连接数的比例达52.3%。移动物联网连接中，应用于公共服务、车联网、智慧零售、智慧家居等领域的规模较大，分别达4.96亿、3.75亿、2.5亿和1.92亿。截至2023年，我国物联网产业基本上形成了覆盖硬件、软件、系统集成、应用服务等多个领域的完整产业。在软件、硬件方面，各种传感器、智能设备在市场上层出不穷，为物联网的基础建设提供了坚实的支持。在应用服务方面，智能家居、智慧城市、智能交通等领域的应用已经开始普及，使人们的生活和工作发生了巨大的改变。2022年，我国物联网市场规模达到2.14万亿元，同比增长21.5%。预计未来三年，我国物联网市场规模仍将保持18%以上的增长速度。从产业链应用分布看，我国物联网行业下游中制造业/工业占比22%，排在首位；其次是交通/车联网，占比15%；智慧能源、智慧零售、智慧城市、智慧医疗和智能物流占比分别为14%、12%、12%、9%和7%。整体上来说，目前中国物联网市场投资前景巨大，发展迅速。同时，中国物联网产业主要集中在北京、浙江、广东和山东，这些省市在政策支持、资金投入、人才储备等方面具有优势，形成了一定的区域特色和产业集聚效应。由于中国相比其他国家较早发展物联网产业，因此国产物联网产业相对优势较大，从企业类型来看，目前中国物联网行业大致可分为原有通信设备商、原有互联网企业、原有传统企业、新兴创新企业等，而且存在一定的头部效应。

目前，物联网产业跨越电子信息制造业、智能装备制造业、软件和信息服务业三大产业，集计算机、通信、网络、智能计算、传感器、嵌入式系统、微电子等多个技术领域，由终端产品制造商、信息传输与处理商、应用与服务提供商和消费者等参与构成。产业链长和行业结合的信息渗透能力强、经济带动能力强，因此将催生一个巨大的新兴产业。

未来物联网的发展趋势主要包括大数据融合、数据处理与边缘计算、更高的消费者采用率、“智能”房屋需求将上升、物联网设备将更智能等。

1. 大数据融合

物联网强调改变人们的生活方式和经营方式，并着眼于生成海量数据。大数据平台通常是为了满足大规模存储的需求并进行调查而开发的，这是挖掘物联网的全部优势所必需的。这是我们正在面临的，也将在不久的将来看到的大规模物联网的新趋势。

2. 数据处理与边缘计算

物联网的基本缺点体现在将设备添加在网络防火墙之后。保护设备可能很容易，但保护物联网设备需要做更多工作。我们必须考虑网络连接和连接到设备的软件应用程序之间的安全性。

物联网在处理数据时凭借其成本效益和效率获得了极大的成功。加快数据处理速度是所有智能设备的突出特点，比如自动驾驶汽车和智能交通灯。边缘计算被认为是解决这一问题的物联网技术。在速度和成本方面，边缘计算通常要优于云计算。我们都知道更快的处理意味着更低的延迟，而这正是边缘计算所做的。边缘计算的数据处理将与云计算一起改善物联网的服务效率。

3. 更高的消费者采用率

在接下来的十年中，你将看到物联网的巨大变化，以C(Consumer，消费者)端为基础的物联网将发生转变。基于C端的物联网的资金增长将会下降，基于B(Business，企业)端的工业物联网基础设施和平台即将大量崛起。

4.“智能”房屋需求将上升

过去，我们已经看到物联网应用随着智能家居技术的理念而激增，这一趋势将在短期内持续下去，从而使家庭变得更具交互性。

5. 物联网设备将更智能

与其他技术类型相比，物联网设备通常获得更多关于设备和用户的数据和信息。不久，我们将看到物联网设备的分析行为，它们将为技术人员提供实用的建议。

6. 更好的数据分析

现在，如何将世界与物联网和人工智能相结合，使其成为所有企业和个人的决策助手，是我们所期待的。人工智能是一种可以快速识别趋势的机器学习系统。物联网技术趋势将带来更好的数据分析，并使其更易于维护。它还从大量数据中收集见解，以便为我们更好地做决策。

7. 个性化的零售体验

如今，物联网使得零售供应链管理更加高效。在传感器和其他智能信号技术的帮助下，量身定制的购物体验变得更加舒适，人们可以更加准确地做到这一点。根据新的变化，未来几年的物联网趋势将使消费者的交易发生个性化的改变。这种物联网技术趋势将确保更好地整合个性化零售体验，最终带来购物的新时代。

8. 物联网安全意识和培训

该行业处于年轻化状态，它的用户需要接受培训，以具备安全意识。培训将包括基本的认识，如利益和风险之间的区别及其他安全建议。

9. 能源及资源管理

能源管理取决于对能源消耗有充分的了解。能够监测家庭能源消耗的物联网产品即将上市。所有这些物联网趋势都可以轻松整合到资源管理中，让人们的生活更舒适、更轻松。当超出能量阈值时，物联网设备会向用户的智能手机推送通知。其他功能，如室内温度管理、控制喷头等，也可以添加到智能手机中。

10. 语音控制的转变

如今，对话正在向前推进，对动态安全环境的响应也在向前线移动。依赖于移动系统的趋势将会增长，并转变为管理物联网生态系统。据预测，到2025年，全球物联网市场规模将达到9 000亿美元，这一数值几乎是2019年的4倍。可以说，物联网拥有非常广阔的发展前景。

## 1.3　物联网分层体系结构

目前，有关物联网体系结构的划分方法比较多。一种典型的物联网分层体系结构示意图如图1－1所示，包括感知层、网络层和应用层。

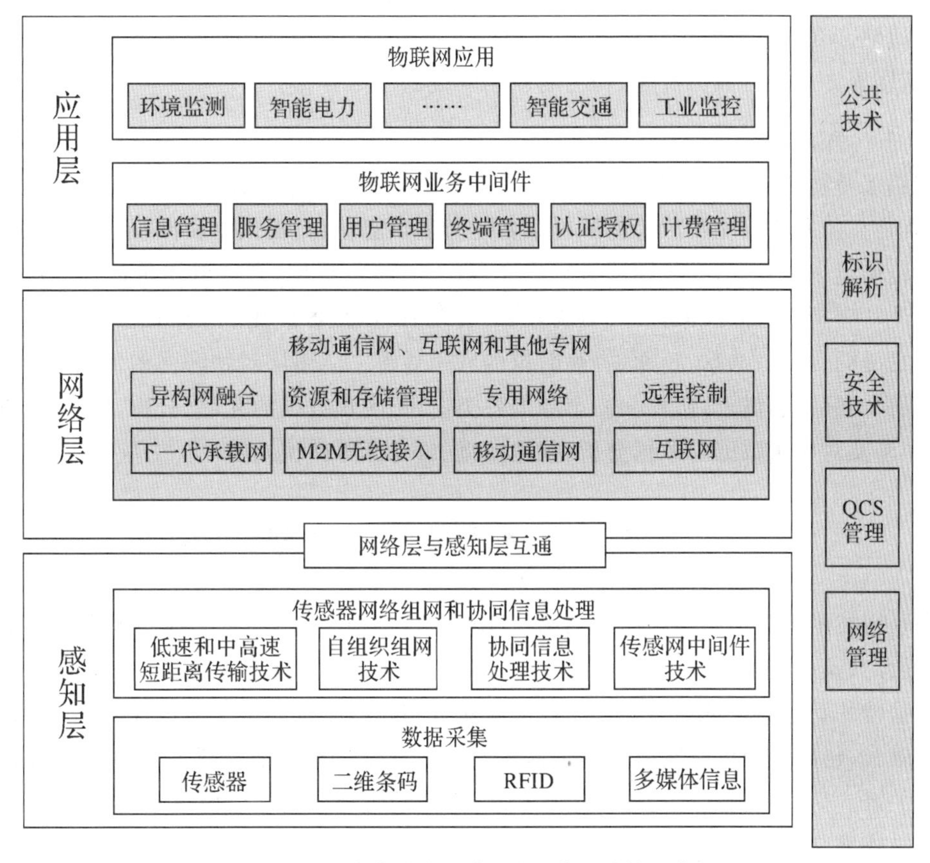


图1－1　一种典型的物联网分层体系结构示意图

1. 感知层

感知层是物联网感知部分，类似人的皮肤和五官，主要作用是对物体进行识别，采集物体状态信息。感知层一般由各种信息采集装置构成，例如RFID、传感器、摄像头等信息感知、信息采集装置。感知层是物联网技术的基础，是物体状态信息获取的直接装置，其中最关键的技术是RFID、传感和控制、短距离无线通信、定位、图像采集等技术。在对物体状态进行感知的过程中，需要完成数据采集、传递、存储、分发、分析、处理等功能，对采集的数据经过一定的处理后，利用各种数据处理技术对数据进行整理，提取出有用的、关键的数据。数据处理过程一般有协同处理、特征提取、数据融合、数据汇聚、数据挖掘等。此外，这个部分还需要对感知设备之间、物与物之间、物与人之间进行信息通信和控制管理，从而将有效信息按照一定的通信协议传递转发到数据处理设备。

2. 网络层

网络层是物联网的信息通信和处理部分，类似人的神经中枢和大脑。网络层一般由互联网、局域网络、无线和有线通信网、网络管理系统和云计算平台等组成，利用现有的网络基础完成信息交互，对感知层采集的信息进行传递转发和分析处理，实现物品远距离、大范围的信息通信。在网络层数据传输实现方式上，可以选择各类局域网、家庭网、内部专线、互联网、通信网等方式进行数据传输，作为物联网实现的一部分。

3. 应用层

应用层是物联网和用户的接口部分，类似人类一般“社会分工”实现技术与行业需求对接，将万物智能互联。应用层为物联网正常运行提供驱动力，提供物联网服务。从感知层和网络层传输过来的数据，在应用层进行更高层次的管理、运用，实现资源价值。应用层对这些信息统一分析、挖掘、决策，实现万物互联，实现各行业、各应用、各系统之间的信息互联，资源信息协同、控制、共享、互通，提高数据的利用效率。应用层对物联网的信息进行处理和应用，根据实际社会需求，研发面向市场的各类应用，实现数据的存储、分析、处理、挖掘和应用，其中涉及对海量数据的数据分析、数据挖掘、云计算等新型技术。

## 1.4 物联网的时代特征

物联网技术被认为是信息产业的第三次革命性创新，其核心是物体与人类之间的信息交互，资源共享。物联网利用RFID技术、二维码技术、智能传感器技术等信息采集和感知技术对物体的状态信息进行感知、测量，准确获取物体的所有信息。通过各种电信网络与互联网的融合，将物体的信息实时准确地传递出去。数据传递的稳定性和可靠性是保证物物相连的关键。为了实现物与物之间信息交互，必须约定统一的通信协议。同时，由于物联网是一个异构网络，不同的实体间协议规范可能存在差异，需要通过相应的软、硬件进行转换，保证物品之间信息的实时、准确传递。利用云计算、模糊识别等各种智能计算技术，对海量的数据和信息进行分析和处理，对物体实施智能化的控制。物联网的目的是实现对各种物品(包括人)进行智能化识别、定位、跟踪、监控和管理等功能。需要通过云计算、人工智能等智能计算技术，对海量数据进行存储、分析和处理，针对不同的应用需求，对物品实施智能化的控制。感知透彻性、互联广泛性、应用智能性是物联网的主要时代特征。

1. 感知透彻性

感知透彻性是指物联网通过感知设备，可随时随地实现对目标信息的采集。感知层中包括物体与人类之间通信和信息交互，有效信息的感知和采集。透彻性体现为以下三点。

(1)感知一切可接入物联网之物。通过感应技术可以使任何物品都变得有感知、可识别，可以接收来自他“物”和网络层的指令。

(2)互动感知。物联网在感知层更强调信息的互动，即人与感知物的“实时对话”或感知物与感知物的“动态交流”。传感器是传感技术的核心，是实现物联网中物与物、物与人信息交互的必要组成部分。

(3)多维感知。感知层中的人机交互包含视觉、听觉、嗅觉、味觉、触觉，甚至包括感觉与直觉、行为与心理的多维综合感知。例如：未来衣服可以“告诉”洗衣机放多少水和洗衣粉最经济；智能文件夹会“检查”我们忘带了哪些重要文件；食品蔬菜的标签会向顾客介绍自己是否真正绿色安全。

2. 互联广泛性

物联网具有更全面的互联互通性，连接的范围远超过互联网，大到铁路、桥梁等建筑物和水电网，小到摄像头、书籍、家电等部件，还包括应用于各种军事需求的物联网。通过各种通信网、互联网、专网，有效地实现个人物品、城市规划等信息的交互和共享，从而对环境和业务状况进行实时监控。物联网信息的互联互通要求保证信息的高效传输，涉及高速的无线接入网络、高效的路由转发、信息的加密安全等。

3. 应用智能性

各种广泛应用的物联网信息智能感应、采集技术，可以对物体的形状、大小、颜色、速度、频率、声音、视频、气味等物理信息进行感知、识别，形成物联网有用的数据。对这些采集的数据一般需要进行数据分析、协同处理，形成有效、准确、可靠的数据集合，再利用大数据、云计算、神经网络、数据挖掘等新型数据分析处理工具，对数据进行分析、处理，提取出能够应用的数据，形成数据整合、协同。在物联网终端，将这些数据进行数据应用，实现智能管理和控制，完成智能化的决策和具体行动，实现万物互联互通、信息共享和资源有效利用。

## 1.5　物联网的研究热点

近年来，很多国家和地区对物联网进行研究和应用，除了对物联网三层网络结构关键技术的研究外，其他的研究热点如下。

1. 智能制造

智能制造是传统制造体系得到物联网和人工智能的加持后，以大数据驱动形成的新兴消费模式和低成本定制化新生产格局下的技术样式和生产型态。物联网背景下的智能制造的特点是：无人加工过程－状态可视可控－自决策生产模式。

2. 智慧城市

智慧城市是利用物联网、云计算基础设施、地理空间等新一代信息技术，融合维基、社交网络、综合集成法、网动全媒体融合通信终端等工具和方法的应用。在物联网的加持下，城市可以进行数据的融合、共享、分析和配置，构建智慧型政务、交通、医疗、能源、建筑、环境等，让城市更加智能化。实现城市数据全面透彻的感知、宽带泛在的互联、智能融合的应用以及以用户创新、开放创新、大众创新、协同创新为特征的可持续创新。

3.智能家居

智能家居是通过物联网技术，实现家居产品高度智能化、标准化。目前，各大科技公司在智能家居领域的研究开发主要集中在照明、安全防护、环境控制、家电智能控制等方面，其中就涉及物联网技术的开发和应用。

4.车联网

车联网是通过物联网技术，实现车辆位置、速度和路线等信息的采集、存储并发送，最终构成的巨大交互网络，对车辆进行智能化的控制和管理。车联网一般由车载终端、云计算处理平台、数据分析平台3部分组成，根据车辆行驶数据和工装状况进行综合分析、判断，实现智慧车辆、智慧交通。

5.智能穿戴

智能穿戴就是利用物联网等技术对可穿戴设备进行智慧化的管理，将多媒体、无线通信、微传感、全球定位系统、虚拟现实、生物识别等功能融合到一个或多个装置中，让使用者感受到科技发展带来的便利。目前智能穿戴设备主要有眼镜、手套、手表、项链、手链、服饰及鞋等随身智能化物品，这些设备正快速改变着人们的生活、工作。

6.农业智能化

物联网技术可以通过传感器、气象站等设备，实现对农作物生长环境的实时监测和数据分析，提高农业生产的效率和质量。

中国物联网市场规模目前处于稳步上升阶段，“十三五”期间，年均复合增长率达到23.4%。2020年，疫情促进了数字化转型，同比增长率明显上扬。2022年，全国物联网市场规模同比增长率有所下滑。

## 1.6 物联网的应用领域

物联网作为一种应用概念，把传统电信网络的概念扩展到更为宽广的领域，从而产生了惊人的应用可能。这些新的应用深入人们生活的方方面面。物联网的本质是架起了物与物之间的沟通桥梁，它是多网融合时代的必然产物，它将人与人之间的沟通连接扩展到了人与物、物与物之间的沟通连接，智能化、网络化的生活将让人们的工作、生活更加便捷和人性化。国家在“十四五”规划中多次提到物联网，将物联网感知设施、通信系统等纳入公共基础设施统一规划建设，推进市政公用设施、建筑等物联网应用和智能化改造；推动物联网全面发展，打造支持固移融合、宽窄结合的物联接入能力。物联网是新一代信息技术的高度集成和综合运用，推进物联网的应用和发展，有利于促进生产生活和社会管理方式向智能化、精细化、网络化方向转变。目前物联网已成熟应用到智能电网、智能交通、智能物流、安防监控、智能医疗、智慧城市等多个领域，成为我国新兴产业的重要组成部分，如图1-2所示。

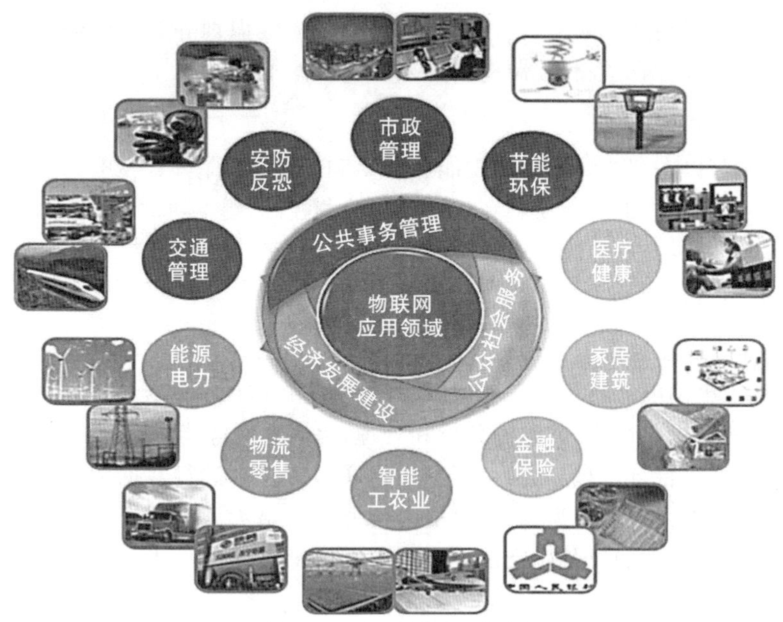


图 1-2　物联网应用举例

### 1.6.1　智能电网

电力物联网是智能电网的基础，是物联网技术在电网中的应用。智能电网是利用物联网技术、人工智能技术、大数据技术、云计算、数据挖掘等新型先进技术，将电信基础网络资源与电网基础网络资源进行信息整合，实现技术融合和网络融合，提高电网生产、传输、供配电能力，提高资源的利用率，改善电网结构，实现智慧发电、智慧输电、智慧变电、智慧配电、智慧用电。利用物联网技术，还可以实现电力生产设备状态检测、电力生产管理、电力资产全寿命周期管理、智能用电、绿色用电。利用物联网技术也可以实现智能用电双向交互服务、用电信息采集、智能家居、家庭能效管理、分布式电源接入以及电动汽车充放电，为实现用户与电网的双向互动、提高供电可靠性与用电效率以及节能减排提供技术支撑。智能电网实现电网安全可靠运行，保障国民经济快速发展。

物联网技术在智能电网建设中至关重要，能够实现电力系统所有过程全要素监控、管理和使用，进一步提高电网的生产运行效率、安全可靠性。目前，物联网技术在智能电网中的应用主要有以下几个方面。

1. 智能电网设备的联网控制

物联网技术应用在智能电网中的各种设备、传感器和控制器中，可以实现电网设备之间联网，进行电网信息感知、信息传递、信息分析和处理，为电网智能化检测控制提供技术保障。

2. 数据采集及处理

物联网技术可以对智能电网建设中的数据进行采集、分析、处理，包括电网电力数据、环境数据、用户数据等，实现整个数据采集和处理过程自动化、智能化，减少人员的工作量，提高工作效率。也可以利用大数据、云计算、数据挖掘、模式识别等数据处理工具对电网数据进行分析和整理,为电网决策和控制提供更准确的数据支撑。

3.能源交易及管理

物联网技术可以在智能电网中实现能源交易和管理的智能化,为电力生产商和电力消费者提供交易平台,实现能源交易和管理智能化检测控制,提供更准确、更全面的交易详情,降低交易的成本,减少交易的流程。

4.电力质量监测及调整

物联网技术可以在智能电网的运行中提供实时检测和控制,实现电能质量的实时数据采集和上传,保证电网电能质量。在电网发生故障时,物联网能够提供及时的故障检测和故障诊断,为电网故障提供快速、准确的分析和处理,提高电网电能质量。

对比目前的电网特点,智能电网主要利用物联网等技术进行数据融合、数据挖掘,将电力网络、信息网络、电力市场融为一体,对电力资源予以最大限度的合理利用。由于智能电网包含内容较多,各电网和设备厂家都要根据实际情况,采用总体规划、分步实施的策略,逐步实现智能电网。

### 1.6.2 智能交通

智能交通也叫作智能交通的运作系统,它是将物联网等先进的科学技术有效地应用于运输、服务控制和车辆制造,并加强车辆、道路和使用者之间的联系,从而形成一种安全、提高效率、改善环境和节约能源的综合运输系统。该系统通过人、车、路的和谐密切配合,提高运输效率、缓解交通拥堵、提高路网容量、减少交通事故、节约能源和降低环境污染。

在政策方面,国家提出要大力发展智慧交通,推动互联网、人工智能、大数据、超级计算等新一代技术和交通的深度融合,到2035年,基本建成交通强国,到本世纪中叶,全面建成交通强国。智能交通成为未来研究热点。

智能交通可以利用物联网等技术提高自身的信息化水平和自动化水平,实现国家交通基础设施持续完善,实现交通与人、车之间的联系更加紧密,促进交通发挥更大价值。通过物联网技术搭建智能交通管理平台,将交通系统所有信息汇集到该平台,实现信息中转站,并利用人工智能、云计算、大数据作为信息处理基础,合理、科学地控制交通决策,让车辆和行人得到最佳交通指引。基于物联网、5G、大数据、人工智能等技术优势打造而成的智慧斑马线实时监测斑马线与红绿灯状态,依据智能算法定位车辆、行人的相位坐标,实时监测交通参与者的数量和一定轨迹,通过数字化方式创建虚拟实体来实现数字孪生,以及预判危险系数,联动AI智能硬件产品及时发出预警。

智能交通利用物联网万物互联的特点,利用各种信息感知设备完成信息感知、数据采集,按照一定的标准协议传递数据,利用各种数据处理工具对数据进行分析、整理,与其他物体连接,进行各类信息通信和资源共享。

目前,常用的几种物联网技术在智能交通中的应用如下。

1.视频监控与采集技术

这项技术利用人工智能、图像识别等技术,将视频图像进行智能化处理,实现视频监控信息智能化感知、采集。视频检测系统将视频采集设备采集到的连续模拟图像转换成离散的数字图像后，经软件分析处理得到车牌号码、车型等信息，进而计算出交通流量、车速、车头时距、占有率等交通参数。

2. 全球定位技术

全球定位系统是现在车辆导航必须安装的核心装置，是实现智能交通的关键技术。车辆可以根据全球定位系统实现车辆状态的精确感知，实现车辆位置、姿态、速度等信息实时采集反馈，完成车辆智能化控制和驾驶。

3. 专用短程通信技术

该技术通过车辆信息的双向传输，可以将车辆和交通基础设施组成一个网络，实现车辆一对一、一对多、多对多通信，具有双向、高速、实时性强等特点。目前该技术已经广泛应用在交通道路收费、车辆事故、车辆出行、停车服务等方向。

4. 位置感知技术

该技术可以通过两种方式实现：第一种是利用全球定位系统的卫星发射和接收车辆位置信息，实现车辆位置感知，可以得到车辆当前的状态；第二种是利用移动通信网络基站，利用网络的蜂窝结构，实时获取车辆交通信息，实现位置感知。

### 1.6.3　智能物流

物联网是物流业关注的热点问题，国家“物联网发展规划”课题将物联网在物流领域的应用定位为目标之一，称为“智能物流”，所以智能物流是物联网的一个重要应用。智能物流就是物流的智能化，它是在现代物流的基础上，综合运用物联网、计算机、自动控制和智能决策等技术，由自动化设备和信息化系统独立完成物流作业环节，可以实现安全、便捷、智能等发展目标。可以说智能物流是在物联网、云计算、机器人、信息系统等先进技术的支持下发展起来的产业，同时也是这些高端技术的重要应用。

智能物流就是通过运用各种智慧化技术手段，如智能软硬件、物联网、大数据等，达到实现物流各环节精细化、动态化、可视化管理的目的。通过智慧物流，物流企业可以提高物流系统智能化分析决策和自动化操作执行能力，搭建现代化物流模式。基于大数据、云计算、智能感应等一系列现代科技，智慧物流能针对多数物流企业出现的“散、乱”等痛点，实现物流服务的实时化、可控化和便捷化管理，大幅提升物流运作效率。

物联网在智能物流中的应用包括以下几方面。

1. 产品的智能可追溯网络系统

目前，基于RFID等技术建立的产品智能可追溯网络系统，其技术与政策等条件都已经成熟，这些智能产品的可追溯系统在医药、农产品、食品、烟草等行业和领域已有很多成功应用，在货物追踪、识别、查询、信息采集与管理等方面也发挥了巨大作用。为保障食品安全、药品安全等提供了坚实的物流保障。粤港合作供港蔬菜智能追溯系统就是一个案例。RFID标签的应用，可实现对供港蔬菜的溯源，实现对供港蔬菜从种植、用药、采摘、检验、运输、加工到出口申报等各环节的全过程监管，可快速、准确地确认供港蔬菜的来源和合法性，加快了查验速度，提高了通关效率和查验的准确性。

2. 物流过程的可视化网络系统

物流过程的可视化网络系统基于卫星定位技术、RFID 技术、传感技术等多种技术，在物流活动过程中实时实现车辆定位、运输物品监控、在线调度与配送的可视化。目前，技术比较先进的物流公司或企业大都建立与配备了智能车载物联网系统，可以实现对车辆的定位与实时监控等，初步实现物流作业的透明化、可视化管理。

3. 智慧物流中心

全自动化的物流管理运用基于 RFID、传感器、声控、光感、移动计算等各项先进技术，建立物流中心智能控制、自动化操作网络，从而实现物流、商流、信息流、资金流的全面管理。目前，有些物流中心已经在货物装卸与堆码中，采用码垛机器人、激光或电磁无人搬运车进行物料搬运，自动化分拣作业、出入库作业也由自动化的堆垛机操作，整个物流作业系统完全实现自动化、智能化。

### 1.6.4 智能医疗

智能医疗也叫医疗物联网，其实质是将各种信息传感设备，如 RFID 装置、红外感应器、全球定位系统、激光扫描器、医学传感器等装置与互联网结合起来而形成的一个巨大网络，进而实现资源的智能化、信息共享与互联。智能医疗是利用 AI、IOT、大数据等新一代信息技术与临床医疗业务、医院管理业务深度融合，构建场景化、数据可视化应用服务，助力医护诊疗更精准便捷，医院运营更精细高效。

高效、高质的智能医疗不但可以有效提高医疗质量，改善医护业务流程，更可以有效阻止医疗费用的攀升。智慧医疗使医生能够随时搜索、分析和引用大量科学证据来支持临床诊断。从大的范围来看，通过搭建区域医疗数据中心，在不同医疗机构间建起医疗信息整合平台，实现个人与医院之间、医院与医院之间、医院与卫生主管部门之间的数据融合、信息共享与资源的交换，从而大幅提升医疗资源分配的合理化，真正做到以病人为中心。

智能医疗可以利用计算机、网络、传感器等现代科技手段，实现医疗信息化、自动化、智能化的全新医疗服务模式。在智能医疗中，医学知识、技能和经验，以及大量的医疗数据会被整合，辅助医生进行诊断和治疗。

智能医疗的实际应用场景一般有以下几个方面。

1. 医疗机构

智能医疗目前已经开始在病房、手术室等场所得到广泛应用。例如，在一些医院内，智能病床上装配着各种医疗传感器和医疗设备，如体温计、脉搏仪、呼吸器、医药柜等，可以实现医学数据的自动收集、转换、分析和处理。由医生查看病人的状况，也可以直接通过智能技术为病人提供许多人性化的服务，如播放音乐、电视节目等。在手术方面，智能医疗设备已经被广泛应用。比如，在手术室中使用智能手术器械和设备可以提高手术的精度和安全性，让手术更加简单、快速和无痛苦。而在急救现场，智能医疗设备也可以帮助急救人员快速了解病人的情况，以便做出更准确的判断和决策。

2. 医疗器械

体外诊断技术是智能医疗技术的一个重要应用方向。通过物联网的技术支持，选择性地通过设备控制、数据管理、网络互联等技术手段，对患者进行疾病的分析和诊断，不仅可以实现传感器网络的有效管理，而且可以为相关机构的医疗决策提供科学依据。例如，智能医疗器械和电子病历管理系统的结合，可以快速地记录、存储和管理患者的各种医疗信息，为医生的诊断和治疗提供支持。同时，智能医疗器械和远程医疗技术的结合也可以在无须面对面的情况下实现医生的在线咨询、指导和治疗。

3. 医疗服务

智能医疗也提供了许多新的服务模式，如个性化的健康评估、在线诊疗、远程医疗、康复护理等等。利用各种智能设备，例如智能手机、智能手环、智能手表、智能健康监测设备等，对患者进行实时监测，并建立独立的大数据支持体系，快速识别隐患并实施预警。而通过数字化、自动化和智能化，患者可以随时随地进行问诊，根据医生的诊疗建议进行相应的治疗，从而避免了过去看病排队、挂号费时费力的复杂流程。而在康复护理方面，智能医疗技术通过随时对患者的生命体征进行观察和监测，辅助医生和护士随时进行调整或重新制订治疗计划，为医生诊断病情提供智能化的数据支撑和高效的治疗措施，保证康复效果的同时也提供了方便、快速又高效的康复护理方式。

### 1.6.5　智能建筑

智能建筑是利用物联网技术、人工智能等新一代信息技术，通过对建筑进行智能化的改造和建造而实现的更加舒适、智能的新一代建筑。例如，智能建筑可以实现加热和冷却、打开和关闭灯、调节用水量和控制安全系统等功能。智能建筑技术利用物联网和互联网等网络融合多种互联建筑设备，实现数据资源高效利用，并与一个存储和分析数据的中央数据库共享。与过去传统建筑相比，智能建筑技术拥有多项优势，例如，它可以使设施管理人员和建筑运营商能够访问实时商业智能，他们可以使用这些智能来改善建筑运营。智能建筑装配有传感器设备，可以跟踪建筑物各个部分全天的废物管理或电力消耗，或者使用多少水来维护建筑物外部的景观。利用这些信息，建筑管理人员可以决定在整个建筑中安装LED照明系统以减少能源消耗，或者利用现有的传感器技术在白天的特定时间自动关闭水源。在智能建筑中，企业还可以自动控制供暖通风与空气调节(Heating Ventilation and Air Conditioning，HVAC)系统，在某些区域自动打开空调或暖气以降低能源成本。

将智能建筑技术融入新建筑中需要适当的规划和协调，智能建筑还需要一系列能够随时间轻松升级的物联网解决方案和强大的网络基础设施，实现各种设备之间的无缝信息收集和数据传输。

智能建筑的实际应用场景一般有以下几个方面。

1. 空调系统

智能建筑可以通过传感器实时检测空气温度、湿度等参数，并据此自动调节空调温度和风速，同时还可以根据人员密度等因素进行动态调整，实现更加舒适且节能的空调系统。

2. 照明系统

通过光照传感器和人体红外感应器等设备，楼宇自控可以实现对照明系统的全面监测和调节。比如，在白天阳光充足时可以降低照明亮度，夜间则可以根据人员流动情况实现灯光智能化管理。

3. 电梯系统

通过电梯内置传感器和楼层识别器等设备，楼宇自控可以实时监测电梯运行状态，并根据人员流量进行优化调度。这不仅提高了电梯的运行效率，也减少了排队时间，提升了用户体验。

4. 安防系统

利用视频监控设备和门禁管理系统等工具，楼宇自控可以实现对整个楼宇内部安全情况的全面监测和管理。当出现异常情况时，该系统可以及时报警并启动应急预案。

### 1.6.6 智能环保

智能环保是利用多种先进技术方案，搭建一个高度智能化感知的环保基础环境，从而实现对环境相关指标实时、互动、整合的信息感知、采集、传递、分析和处理，使得污染减排，提升公众树立环境风险防范、生态文明建设防范、生态文明建设和环保事业科学发展的先进环保理念。

我国的环境形势一直十分严峻，环境监测水平地区差异十分明显，环境监测的广度和深度还不够，目前环境监测主要关注对象是水、声、光等，而对放射物、光污染、电磁辐射等关注较少。同时，我国的环境监测网络体系并不完善，环境监测信息统一发布平台尚未建立，环境监测研究和应用还需进一步发展。因此，需要进一步建设和发展智能环保理念，通过加强环境科技创新，加大科技手段在环境监测中的应用，提高环境监测和预警的技术支撑能力。在智能环保建设过程中，需要进一步提高环境监测装置的精度，扩大自动监测范围，增强环境监测装备的有效利用，提高所用设备长期运行的可靠性，加强信息处理能力、控制技术的应用，实现环境变化预警和环境质量的智能控制与管理。

智能环保可以利用物联网技术，通过综合应用传感器、全球定位系统、视频监控、卫星遥感、红外探测、射频识别等装置与技术，实时采集污染源、环境质量、生态等信息，构建全方位、多层次、全覆盖的生态环境检测网络，推动环境信息资源高效、精准的传递，通过构建海量数据资源中心和统一的服务平台支撑，支持污染源监控、环境质量检测、监督执法及管理决策等环保业务的全程智能，从而达到促进污染减排与环境风险防范、培育环保战略性新兴产业，促进生态文明建设和环保事业科学发展的目的。

### 1.6.7 智能制造

物联网技术能够加速制造业发展的进程，推动制造业朝着智能化、信息化、自动化发展。传统制造业需要大量人员和设备进行生产，并生产出各种产品，对实体经济发展发挥了至关重要的作用。随着物联网技术的不断发展和普及，基于物联网技术的智能制造也逐渐成为一个备受关注的领域。

智能制造是指利用信息技术、人工智能等先进科技手段，对生产过程进行全面优化和升级，实现生产流程自主调度、产品组装自动化和设备运行智能化的一种生产模式。在基于物联网技术的智能制造中，关键技术包括传感器技术、无线通信技术、云计算技术、大数据分析技术、人工智能技术等。

传感器技术是基于物联网技术的智能制造中不可或缺的技术之一。传感器可以实时获取各个环节的数据，并将其发送到中心控制系统，从而实现生产过程的实时监控和调度。例如，在智能工厂中，传感器可以实时检测机器的状态和温度变化，通过数据分析和处理，优化生产流程，提高生产效率。

无线通信技术也是基于物联网技术的智能制造中的核心技术之一。无线通信技术可以实现设备之间的快速连接和数据传输，从而实现设备之间的信息共享和协同工作。例如，在智能仓库中，通过无线通信技术可以实现仓库设备之间的智能联动，提高仓储效率。

基于物联网技术的智能制造是一种能够实现生产过程全面优化和升级的生产模式。未来，随着物联网技术的不断发展和普及，基于物联网技术的智能制造将有更广泛的应用场景和更广阔的发展前景。

### 1.6.8　公共安全

公共安全是人们工作生活中最基本的保障，物联网技术能够利用先进的数据收集、灾难预防和省时技术提高公共安全度，保证人们基本生产生活，满足公共安全需求。在向公众提供安全服务时，物联网技术可以提供重要解决方案，特别是当涉及居民的安全问题时，物联网技术连接提供了一种低成本、低功耗并友好的保障。

公共安全可以利用物联网技术构建公共安全监测网，可以解决过去公共安全领域中常规监测时间长、范围广、任务重的难题。利用物联网技术可以实现长距离、长时间的连续信息采集，对公共安全进行持续监测，对范围内的安全事件及时预警提醒，并提供最优解决方案，实现问题感知、问题分析、问题处理一体化服务。目前，对公共安全的监测主要是保障社会生产场景安全问题的监测，还可以保证生产者、特定物品、密集场所、重要场所、重点设备设施、特定人群的安全监测，以及公共安全事故应急处理相应信息感知、采集等。

目前，物联网技术在公共安全领域的实际应用场景一般有以下几个方面。

1. 防止建筑物和结构倒塌

可以利用人工智能和机器学习算法对信息感知设备、传感器等采集的数据进行分析，对城市基础设施进行预测，并通过测量结构的位移和振动来检测受损情况，这些位移和振动可以显示出建筑物裂缝、拉伸或过度变形的状态。为建筑物管理者提供及时的预警，让其能够提早并主动识别到可能危及生命的问题，并进行预防性维护。例如，通过网络连接桥梁上的物联网传感器，可以让市政和施工人员全天候监控整个城市的所有桥梁。如果出现裂缝扩大或变形等危险情况，传感器会立即向负责人员发送警报，使事故危险程度大大降低。

2. 寻找迷路或处于危险中的人

过去无法通过已有手段及时确定拨打紧急救援电话的人的确切位置，特别是一些偏远地区信号不稳定或者多种信号同时存在时就更加困难。如果利用物联网技术，依托物联网全球定位系统、传感器、跟踪器等装置，通过选择穿戴连接到网络的物联网设备，急救人员就可以快速识别求救者的位置，实时确保更快的反应。由于网络覆盖范围广，不依赖 Wi-Fi 或蜂窝网络，警方和其他应急人员可以确保位置准确、信号稳定，从而更容易追踪失踪人员。

目前在公共安全上所应用的物联网技术很多，例如：烟雾报警——消防，指纹锁、红外监测、视频监测——安防，智慧交通灯、电子鹰眼——交通，恶劣天气预警、智慧井盖、滑坡监测——自然灾害，等等，这一系列的物联网技术已经非常成熟地运用在公共安全管理体系中，随着技术的发展和需求的不断更新，会有更多的产品进行迭代，让公共环境更加安全。

### 1.6.9 军事应用

物联网技术由于其先进性，很早就被应用到军事领域，并发展成为军事物联网，可以加速军队信息化、现代化建设进程。

当前的军事斗争主要是利益的碰撞，是以信息技术为核心、精准打击为前提的，是以信息为主导的信息战、电子战、无人战等特殊战争。物联网是信息化年代的重要产品与标志，它的出现不仅促进了工业物联网的快速发展，还给军事建设和作战方法带来了巨大影响，与信息化战役更是休戚相关。

目前，物联网技术在军事范畴的运用主要集中在后勤保障、战场管控、战时信息感知、配备办理、兵器监控、兵员办理等方面。

1.战场操控

物联网技术在军事上的运用时间很早，早在越南战役时期，美军就利用“热带树”振荡传感器来监听“胡志明小道”上的敌方人员和车辆，这种方式就是最初物联网技术在军事应用上的基础应用。

物联网技术能够利用一些低成本的装置实现战场信息获取、战场情报侦察，并将情报第一时间传递回指挥部。物联网技术的军事运用让战场内每个物体成为“情报侦察渠道”，实时战场环境感知、战场情报搜集，实现作战智能化、信息化，如同各种作战实体都能“看见”、可“沟通”、会“考虑”、听“指挥”。因此，指挥员就能够第一时间感知战场上的各种情况，将整个战场态势尽收眼底，全面操控战场。

2.联勤保障

物联网技术在联勤保障中发挥着“量身打造”的作用，促进部队联勤保障的精密化、可视化、智能化。在现代各种军事行动过程中，使用物联网技术可以根据准确的地址，在准确的时刻向作战部队提供充足的后勤保障，防止军事物资保障不到位或者剩余的物资涌向作战地域，造成不必要的紊乱、费事和糟蹋。并且，利用装配在武器和装备上的各种信息传感网络，可以随时随地获取战场实际后勤需求，依据战场态势及时调整作战保障计划，实现对整个作战保障体系的精准保障。

3.部队日常管理

在部队日常管理中，可以利用物联网技术实现部队管理智能化、正规化。例如，可利用物联网技术建立部队营区安全体系，营区安全体系主要由传感器、无人机、卫星等设备融合物联网技术、人工智能、模式识别等先进技术，实现对营区及其周边的信息收集，加强对部队正常管理。

另外，可以利用物联网技术实现对军队资产、装备、人员等的智能化、信息化、自动化管理，提高部队现代化建设水平，为提高部队战斗力提供技术支撑。

### 1.6.10　智慧城市

智慧城市是指通过物联网、云计算等各种信息技术和创新方式，将城市中各系统和服务融合到一起，打破相关壁垒，从而提升城市资源运用的效率，加强城市管理和服务的现代化和智能化，提升市民生活舒适度和生活质量。物联网技术是智慧城市建设项目的核心推动者，是实现城市快速发展的加速器。目前，智慧城市建设在世界上越来越受到人们的关注和青睐。

当前，科学技术快速发展，物联网技术在智慧城市中具有不可替代的作用。智慧城市的建设依赖于城市数据准确收集、分析和处理，这些数据需要借助物联网技术，实现信息随时随地的共享，实现城市资源高效利用和城市管理更合理。物联网技术利用各种传感器和摄像头，能够用不同形式实时对城市状况进行数据收集，利用这些城市数据，政府机构可以对城市不同资源和资产进行快速、合理的分配，加强城市建设和管理。

物联网技术在智慧城市中的应用有很多，包括智能交通、智能社区、智能医疗、智能政务等，这些应用场景促进了城市现代化的发展，提升了人们的生活品质和舒适度。

## 1.7　小　　结

本章主要介绍了物联网的基础知识，包括物联网的定义、发展过程和相关的概念，以及物联网的时代特征、研究热点和应用领域，为后续学习物联网相关技术打下基础。

# 第 2 章　物联网感知识别技术

**本章目标**

(1)掌握物联网常见几种感知识别技术。
(2)了解 RFID 技术的原理、组成和特点。
(3)熟悉传感器技术的定义、原理和应用。
(4)了解特征识别技术、室内定位技术、智能交互技术。

物联网是一场革命,是对传统信息通信的大挑战,它在人与人信息交流的基础上,创造性地提出了物体之间的数据传输和交流。从发展趋势来看,物联网的发展可分为时间、地点和物件三个维度,随着物联网发展至成熟,其将使所有物体可在任何时间、任何地点相互沟通,涵盖了“人与人”“物与物”及“人与物”三大范畴。

物联网的构架可分为感知层、网络层和应用层,本书将感知层涉及的相关技术统称为感知技术。感知技术是物联网的基础,它跟现在的一些国家基础网络设施结合,能够为未来人类社会提供无所不在、全面的感知服务,真正实现所谓的物理世界无所不在,物联网联接的对象包括智能装置及通过传感器感知的整个物理世界。物联网感知层涉及的技术众多,这里对自动识别技术和传感技术进行详细介绍。物联网感知与识别技术主要实现物联网的信息采集,是物联网主要的数据来源,物联网的各种应用都是通过采集各类信息和数据实现的。

物联网的最前端是感知层。在物联网的应用环境下,不仅要感知虚拟世界的信息,更重要的是感知现实世界中的信息。要想感知现实世界中的信息,就需要能够标志和识别物体。射频识别技术也称为 RFID 技术,它可以利用设备发出的射频信号自动地对目标物体进行识别,并获取物体相关信息,整个识别过程不用人工额外干预,可以应用在多种场景。所以,RFID 作为一种十分有效的感知手段,是物联网感知层的重要技术支撑。

## 2.1　RFID 技术

RFID 技术作为典型的非接触式标识与感知技术,常用来对目标物体进行身边识别,它通过设备发出的射频信号及其空间耦合等信号传输特点,来对各种物体的状态进行自动识别和标记。

### 2.1.1　RFID的起源

在第二次世界大战时期，RFID技术就已经被应用到军事领域，例如飞机雷达探测利用RFID技术实现“敌友识别”。雷达应用电磁能量在空间的传播实现对物体的识别，最初利用雷达只能够探测到空中是否有飞机，但并不能识别出是我方飞机还是敌方飞机。因此，为了准确区别我方和敌方的飞机，英国军方认为可以在飞机上加装一个用于敌我识别的无线电收发器，这个无线电收发器的工作原理是利用战斗中控制塔上的探询器向空中的飞机发射一个加密信号，当飞机上的收发器接收到这个信号并解密后，回传一个加密信号给探询器，探询器利用接收的回传信号实现敌我识别。

### 2.1.2　RFID系统组成

RFID系统主要由RFID标签、RFID阅读器和计算机应用系统组成，示意图如图2-1所示。RFID系统阅读器天线的安装、传输距离的远近都会影响数据读取、处理、传输。电子标签由耦合元件及芯片组成，每一个标签具有唯一的RFID编码，附着在物体上标志目标对象。阅读器是读取或写入标签信息的设备，可设计为手持式或固定式。天线在标签和阅读器之间传递射频信号。

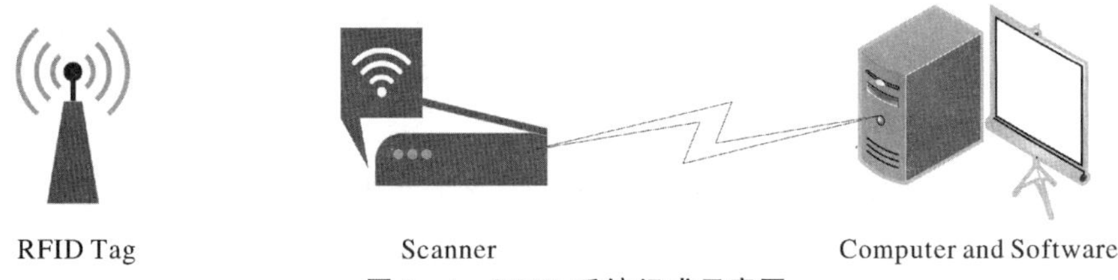


图2-1　RFID系统组成示意图

RFID标签的分类方式主要有按载波频率分类和按供电方式分类。根据载波频率分类方式，RFID标签可以分为低频、高频、超高频与微波标签。根据RFID标签供电方式的不同，RFID标签可以分为无源标签（Passive Tag，PT）和有源标签（Active Tag，AT）两种类型。有源标签意味着标签中有独立电源为系统提供电力，优点是有源标签的作业距离较大，工作时间较长，缺点是其体积一般较大，增加的电源也增加了成本，同时在环境恶劣时可能无法正常工作。无源标签与有源标签相反，其内部没有独立电源，它的工作原理是通过波束供电技术对射频能量进行转化得到内部需要的电源，其优点是装置简单，成本较低，使用寿命较长，在一般恶劣条件下仍能正常工作，缺点是作业距离相对较短。

1. RFID阅读器

RFID阅读器是利用射频技术对具有电子标签信息的设备进行读写，当RFID系统工作时，一般首先由阅读器发射一个特定询问信号，电子标签感应到这个信号后，就会给出一个应答信号，应答信号中含有电子标签携带的数据信息，阅读器接收这个应答信号，并对其进行处理，然后将处理后的应答信号返回给外部主机，进行相应操作。阅读器一般具有以下功能。

（1）阅读器可以和电子标签通信；

(2)阅读器可以与主机通信;

(3)阅读器可以对传送的数据进行加密和解密;

(4)阅读器可以对传送的数据进行编码解码;

(5)阅读器可以对多个标签进行同时识读。

RFID 阅读器和 RFID 标签的全部工作都在服务器主机的控制下完成。RFID 系统的服务器主机主动向阅读器发出读写控制命令,阅读器根据控制命令做出相应的响应,对标签发出对应指令,标签根据阅读器的指令作为从动方,对上一级阅读器进行响应,阅读器也作为从动方将响应信号反馈给服务器,从而产生相应的数据流,如图 2-2 所示。

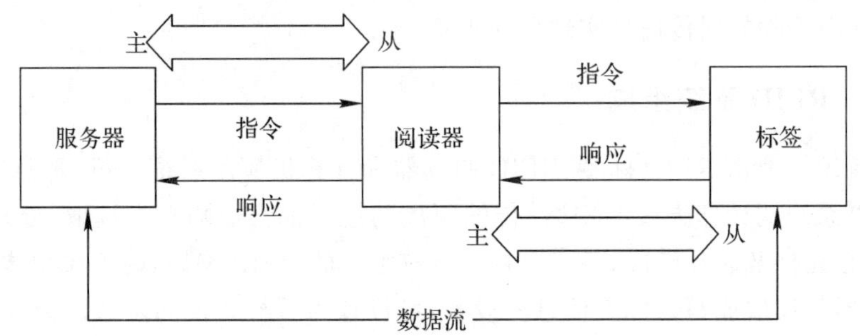


**图 2-2　RFID 系统工作原理**

RFID 阅读器一般由射频模块、读写模块和天线模块构成,每个模块的功能为:射频模块能够发出射频信号,能够将射频信号进行编码解码,将信号发送给标签。天线模块的主要功能是将电流信号转换成电磁信号,并将该信号发射出去,收到标签响应的信号后,又将电磁信号转回电流信号,同时将该信号发送给射频模块进行解调。读写模块的主要功能是根据系统指令进行读写操作,并与服务器主机进行信息通信,对服务器主机指令进行响应。

2. 标签

RFID 标签是系统的重要组成部分,其主要特点是每个 RFID 标签都有唯一的一个识别编码,可以对物体的标识信息进行储存。RFID 标签通常包括电子芯片、天线,但也有不含电子芯片的标签,被称为无芯标签。这种无芯标签通常利用打印手段进行制造,可以大大降低生产成本。如果按照标签供电方式分类,其可以分成无源标签、半有源标签和有源标签三类,每种标签的特点如下。

(1)无源标签的特点是内部没有单独提供电力的电源,因此其计算能力不强,收到阅读器的指令(能量)后,除了保证内部电路需要的电力外,还需要对阅读器进行响应,发出相应的反馈信号。无源标签的能量由外部提供,因此标签之间不能进行相互通信。

(2)有源标签与无源标签最大的区别在于其内部有独立的电源,能够提供自身工作的能力,因此其制造成本相对较高,但其计算能力较强。

(3)半有源标签是介于有源标签和无源标签之间的一种标签,其特点是内部含有电池,电池只负责内部电路工作,对阅读器发出响应信号还需要利用外部能力。

3. 数据交换与管理系统

数据管理与交换系统的功能是实现对数据的交换、管理、存储、读写等。RFID 阅读器利用标准接口和计算机通信网络相互连接,完成相应的信息通信和交换。特殊情况下,阅读器可以只负责数据的收发，将标签响应信号传递给服务器主机，这样可以减少系统的工作量。

### 2.1.3　RFID 技术原理

RFID 技术的工作原理是：电子标签进入阅读器产生的磁场后，阅读器此时发出相应的射频信号，利用感应电流产生的能量发送原存储在电子芯片中数据（无源标签或半有源标签），或者主动发送某一频率的信号（有源标签或主动标签）；阅读器读取信息并解码后，送至中央信息系统进行有关数据处理。

1. 标签原理

RFID 标签由两部分组成：芯片和专用天线。通过天线，芯片可以接收和传送信号，如商品的身份数据信息。标签靠其偶极子天线获得能量，并由芯片（IC）控制接收、发送数据。

标签 IC 主要由模拟 BF 接口、数据控制及 EEPROM 等模块组成。

模拟 RF 接口模块为 IC 提供稳定电压，并将获得的数据解调后供数据模块处理，同时将数据调制后返回给阅读器。数字处理模块包括状态转换机、读写协议执行、与 EEPROM 的数据交换处理等功能。

标签内部有容量为 2 048 bit 的 EEPROM 储存器，存储器分成 64 个单元，每单元 32 bit。其中 ID 存储容量为 8 字节，用户存储容量为 216 字节。每字节都有相应的锁定位，该位被置“1”就不能再被改变。可利用 LOCK 命令锁定，Query lock 命令进行读取锁定位的当前状态，锁定位不允许被复位。Byte 0 - 7 被锁定，这 8 位是标识码（UID）。64 bit UID 包含 50 bit的串号、12 bit 的边界码和 2 位的校验码。Byte 8 - 219 是用户可使用的空间容量，没有锁定。Byte 220 - 223 是写操作完毕的标志位，也可作为用户空间，没有锁定。

标签的读写命令格式如下：

| 帧头探测段 | 帧头 | 开始符 | 命令 | 地址 | 字节 | 掩码 | 数据 | CRC |
|---|---|---|---|---|---|---|---|---|

帧头探测段为 16 bit 数据传输，作用是产生一个至少 400 Ls 的稳定无调制载波信号；帧头是 9 bit 数据传输，产生 NRZ 格式的 manchester “O”，即 010101010101010101；开始符的作用是对有效数据标识，原返回率一般为 5 位的开始符（1100111010），4 倍返回率则采用的是开始符（11011100101）；CRC 为一般是 CRC 编码，为 64 bit 数据传输。

标签的应答格式如下：

| 静默（Quiet） | 返回帧头 | 数据 | CRC |
|---|---|---|---|

静默位的作用是产生 2 byte 的无反向散射信号，一般在 40 kb/s 的传输速率下相当于 400 s 的持续时间；返回帧头是“0000010101010101010loD0110110001”；CRC 采用 16 bit 的 CRC 编码。

充电后的 IC 有三种主要数字状态：准备（READY，初始状态）、识别（ID，标签期望阅读器识别的状态）和数据交换（DATE EXCHANGE，标签已被识别状态）。

最开始，RFID 标签靠近 RFID 阅读器的射频信号范围，其状态也由无电状态变成准备状态。然后，RFID 阅读器利用“组选择”和“取消选择”命令对其工作范围内的且是准备状态中的标签进行选择，从而实现冲突判断。为更好地处理冲突判断问题，RFID 标签内部有一个8位的计数器和一个0或1的随机数发生器。RFID标签进入ID状态时会将内部计数器清“0”。超高频射频识别系统阅读器发出“取消”命令后，一部分RFID标签能够重新回到最开始的准备状态，而正处在识别状态的RFID标签则进入冲突判断过程。

被选中的RFID标签开始如下循环工作。

(1)如果RFID标签处于空闲状态，同时它的内部计数器为0，则发送它的标识码。

(2)如果不止一个RFID标签发送标识码，则RFID阅读器可以发出失败命令。

(3)如果RFID标签收到阅读器的失败命令，同时标签内部计数器不为0，则标签内部计数器将加1。如果RFID标签收到阅读器的失败命令，同时标签内部计数器等于0，这类标签一般为上一步已发送过应答，则标签会生成一个“1”或“0”的随机数，如果随机数是“1”，则其RFID标签内部计数器加1；如果随机数是“0”，则RFID标签内部计数器为0，同时发送它们的标识码。

(4)如果不止一个RFID标签发送标识码，则跳转(2)。

(5)特殊情况下，如果所有随机数都是“1”，则RFID阅读器不会响应，同时阅读器会发送成功命令，内部应答器中的计数器则减1。当计数器为0时，它的应答器就会开始发送，然后跳转(2)。

(6)如果只有一个标签发送并且它的UID正确接收，阅读器符发送包含UID的数据读命令，标签正确接收该条命令后将进入数据交换状态，接着将发送它的数据。阅读器将发送成功命令，使处于ID状态的标签的计数器减1。

(7)当只有一个RFID标签的计数器为1，同时其返回应答时，执行(5)和(6)中的步骤；如果不止一个RFID标签返回应答，执行(2)的步骤。

(8)当只有一个RFID标签返回应答时，同时标签的标识码没有正确接收命令，那么RFID阅读器就会发送一个重发命令。当标识码正确接收时，就执行(5)的步骤。当标识码被多次重复接收时，则可以假设不止一个RFID标签应答，此时执行(2)的步骤。

2.阅读器原理

天线、RFID阅读器和计算机服务器三者相连，RFID阅读器可以对RFID标签发出特定的查询命令，标签收到这个命令则发出响应命令，这个命令中一般包括产品代码相关的数据，阅读器收到响应信号后再将这个信号反馈给计算机服务器。例如，超市售货员只需要用阅读器对货架商品的条码进行扫描，就能掌握货架上各种商品的种类和数量等信息，大大地简化了商品管理的手续流程。

RFID标签读写装置一般为阅读器和读卡器，所以RFID标签读写装置有时候也叫作阅读器(Reader)、查询器(Interrogator)、通信器(Communicator)、扫描器(Scanner)、编程器(Programmer)、读出装置(Reading Device)和便携式读出器(Portable Readout Device)等。RFID标签读写装置一般可以根据RFID标签的实际应用需求进行设计和制造。在射频识别技术快速发展的同时，RFID标签读写装置也会产生一系列设计生产模式。

RFID阅读器作为一种RFID标签的读写装置，读写装置利用空间信道向射频标签发送读写命令，射频标签收到阅读器的读写指令后会发出响应信号，这就是射频识别过程。

射频识别应用系统通常利用RFID阅读器对射频标签中的数据信息进行识别和采集，也可以利用RFID阅读器将射频标签中的标签数据信息发送给应用系统，这一过程是通过射频标签读写装置和应用系统程序之间的接口API(Application Program Interface)来完成的。

另外，根据实现电路的不同，可以将RFID阅读器分成射频模块和基带模块两部分。射频模块的主要作用是对RFID阅读器发送给射频标签的命令信号进行调制，形成射频信号，并通过天线进行发送，该射频信号通过空间传送(照射)可以到达射频标签上，射频标签则根据射频信号做出相应的响应，同时给阅读器发送反馈信号。射频模块的主要作用是对射频标签发送给阅读器的反馈信号进行分析处理，同时对该信号进行解调，获取信号中的数据信息。

基带模块的主要作用有两部分。第一部分是对阅读器发出的命令进行加工，也就是进行编码；第二部分是对来自射频模块解调处理的标签反馈信号进行处理和解码，同时将信号发送给阅读器。

阅读器内部的智能单元为计算机的CPU或者MPU，其也是基带模块的一部分，在原理上智能单元也是阅读器的控制核心，可以利用程序对计算机MPU进行编程，从而对收发信号进行分析处理和对接口API进行控制。

RFID阅读器的两部分模块的接口都是调制/解调，在实际工作中，在对信号解调后需要对反馈信号进行加工处理，以满足实际电路工作要求，例如放大、整形处理。单天线系统的射频模块一般要解决好收发分离问题。

发送装置系统一般包括控制单元和射频接口两个部分。其中控制单元包括MCU和编码电路，其负责的工作如下：①和相关应用软件PC端通信，同时执行软件操作中的指令；②控制和管理电子标签之间的通信；③对信号编码/解码；④执行反碰撞类计算机程序；⑤对传送的数据信息加密/解密；⑥完成阅读器和电子标签之间通信的身份验证。为满足相关任务需求，MCU可以选用ARM7系列32位微处理器。

另外，RFID阅读器的发送装置一般与接收设备配合工作，其发送装置的工作流程如下。

(1)MCU选用的微控制器需要接收计算机的指令，执行相应操作，控制相关应用程序。

(2)发送装置的编码电路一般根据MCU微控制器的指令进行编码，将指令转换成相应基带信号，将这个信号发送到相关电路，对信号进行整形、放大等处理，最后将信号送到对应的混频器(上变频)。

(3)变频器将编码电路处理后的基带信号和本振信号混频，然后对混频信号ASK进行调制，得到调制信号。

(4)调制信号需要经过带通滤波器对波形进行滤波，再经过功率放大器将信号放大，最后将处理后的信号发送到天线放大器得到放大的功率信号。

(5)环形器对天线放大器处理后的功率信号进行处理，然后发送给天线和电子标签。

在这个过程中，频率合成器将根据MCU的通信协议产生本振信号，这个信号的频率、调制深度、功率放大器增益等参数均通过MCU来完成设定。

### 2.1.4　系统工作原理

在这个系统中，阅读器利用电磁波与标签完成信息通信。根据阅读器和标签通信方式的不同，RFID系统可以分成电感耦合(Inductive Coupling，IC)系统和电磁反向散射耦合

(Backscatter Coupling,BC)系统两类。

1. 电感耦合系统

电感耦合系统的原理是利用电磁感应现象,利用高频交变磁场实现电磁耦合,原理如图2-3所示。阅读器工作时会产生时变电磁场,在标签中也会因为电磁感应而产生交流感应电压,交流感应电压警告整流设备被整流成直流电压,该电压可以为标签内芯片供电,从而激活芯片。标签可以对电路负载进行接通或断开,实现对信号的调制。阅读器接收到该调制信号后,就能够对标签内部的信息进行识别。

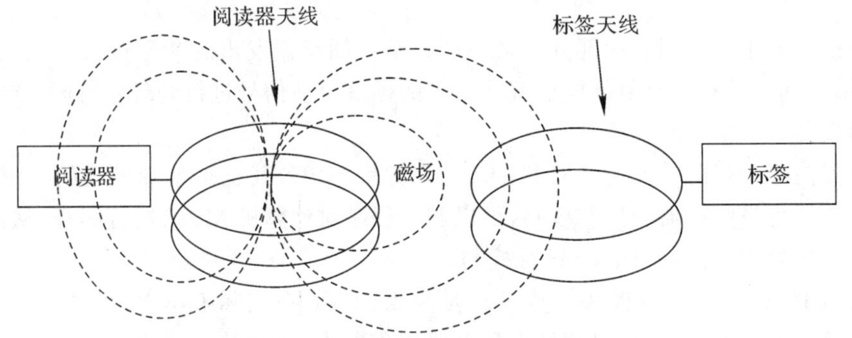


图2-3 电感耦合型RFID系统原理

电感耦合系统内部一般是无源标签,内部电力都是通过阅读器的电磁感应获得的电磁场得到,因此这种系统只适用于对距离要求不高的低频或者高频工作环境。一般情况下,电感耦合系统的工作频率为125 kHz、225 kHz和13.5 MHz,它的系统识别距离一般不超过1 m,通常只有十几厘米。

2. 电磁反向散射耦合系统

电磁反向散射耦合系统工作原理和雷达类似,系统发射出电磁信号触碰到目标表面后,会发生反射现象,从而产生反射信号,根据反射信号可以得到目标的基本信息,这个过程示意图如图2-4所示。阅读器内部的偶极子天线会给标签发送指令,这类指令一般是电磁波,电磁波的一部分能量可以激活标签内部的芯片,其他电磁波可以作为标签内部的偶极子天线的反射载波。因此,电磁反向散射耦合系统可以用于远距离的工作环境,其工作频率一般为433 MHz、915 MHz、2.45 MHz和5.8 GHz,它的工作距离一般都大于1 m,通常为几米。

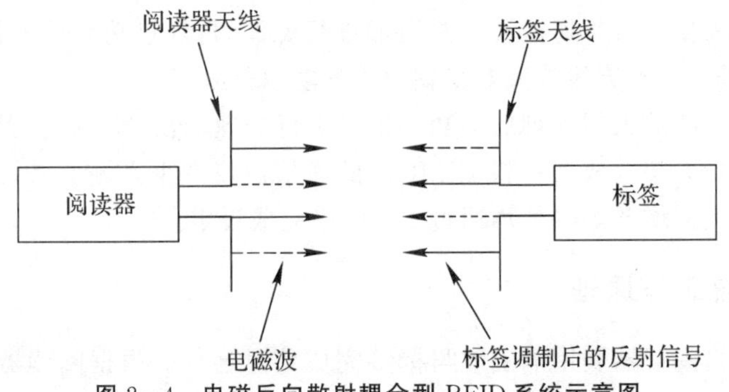


图2-4 电磁反向散射耦合型RFID系统示意图

### 2.1.5　RFID 系统的通信频率

RFID 系统的通信方式一般是利用阅读器和标签之间的射频信号，则射频信号需要确定其工作频率。RFID 系统的工作频率一般根据射频标签的特点进行确定，例如标签的应用范围、技术可行性及系统成本都是要考虑的关键因素。RFID 系统与无线电传播原理类似，都需要占据一定的通信信道进行信息的传输。在空间通信信道中，射频识别通过电磁耦合或电感耦合的方式实现通信功能，所以 RFID 系统肯定会受到空间中电磁波强弱的影响。一般情况下，电磁波出现在我们身边各个地方，很多设备和功能的实现都要依靠电磁波。例如，移动通信、广播电视、蓝牙和无线局域网 WLAN 等。在使用 RFID 系统时不能干扰这些电磁波设备的正常使用，所以需要在使用 RFID 系统时选择合适的系统工作频率。因此，使用 RFID 系统一般选用一些特殊的频率范围，尤其是工业、科学和医疗应用等领域的特殊频段和预留冗余频段。一般情况下，可以选择 ISM（Industrial、Scientific 、Medical，工业、科学和医疗）收录的频率范围。另外，也可以选择 135 kHz 以下频率范围的频段。因此，可以将 RFID 系统根据频率的高低进行分类：低频（LF）系统、高频（HF）系统、超高频（UHF）系统和微波（MW）系统。在世界范围内，许多国家和地区一般采用的频段为：低频段为 125 kHz 或 134 kHz，高频段为 13.56 MHz。目前，超高频和微波 RFID 系统频率并没有得到统一规范，世界主要国家（地区）RFID 系统频率采用情况见表 2－1。

**表 2－1　不同国家（地区）RFID 系统采用的频率**

| 国家（地区） | LF/kHz | HF/MHz | UHF/MHz | MW/GHz |
| --- | --- | --- | --- | --- |
| 美国 | 125/134 | 13.56 | 902～928 | 2.40～2.48<br>5.72～5.85 |
| 欧洲 | 125/134 | 13.56 | 868～870 | 2.45 |
| 中国 | 125/134 | 13.56 | 840～845<br>920～925 | |
| 印度 | 125/134 | | 865～867 | 2.40 |
| 日本 | 125/134 | 13.56 | 950～956 | 2.45 |
| 新加坡 | 125/134 | 13.56 | 923～925 | 2.45 |

根据表 2－1 可知，世界主要国家（地区）在超高频和微波频段都没有统一。在我国，超高频段频率采用的是 840～845 MHz 和 920～925 MHz 这两个频段，对微波频段并没有规定。实际上 RFID 系统的工作频率范围较广，系统的频率不同，对应的性能可能有所不同。

RFID 系统识别距离也和阅读器的射频发射功率有关，一般情况下，发射功能越强的系统有效识别距离也就越远。值得注意的是，发射功率太大，产生的电磁辐射就会对环境和人身健康产生危害，所以发射功率不是越大越好，需要根据实际进行规范和约束。

### 2.1.6　RFID 的分类

1. 按标签的供电方式分类

按标签的供电方式，可分为主动式 RFID、半主动式 RFID 和被动式 RFID 三种。

(1)主动式 RFID。主动式 RFID 系统在工作时,通过标签自带的内部电池进行供电,可以用自身的射频能量主动地发送数据给阅读器。主动式 RFID 系统传输距离远,一般可达 30 m 以上,最远可覆盖 100 m。随着标签内部电池能量的耗尽,数据传输距离越来越短,稳定性也会降低。它主要用于有障碍物或对传输距离要求较高的应用中,由于寿命有限、体积较大、成本相对较高,不适合在恶劣环境中工作,主要应用于对贵重物品远距离检测等场合。

(2)半主动式 RFID。在半主动式 RFID 系统中,虽然电子标签本身带有电池,但是标签并不通过自身能量主动发送数据给阅读器,电池只负责对标签内部电路供电。标签未进入工作状态前,一直处于休眠状态或低功耗状态,从而节省电池能量。在理想条件下,其阅读器距离大约在 30 m 以内,精确度较高,有效读取范围一般为 10 m。

(3)被动式 RFID。被动式 RFID 系统的电子标签内部不带电池,所需能量由阅读器所产生的电磁波提供。标签进入 RFID 系统工作区后,天线接收特定的电磁波,线圈产生感应电流提供给标签工作。由于标签不带电池,其价格相对便宜。有效读取范围一般为 4 m 以内。

2. 按标签的工作频率分类

电子标签的工作频率也就是 RFID 系统的工作频率,工作频率不仅决定着 RFID 系统的工作原理、识别距离,还决定着电子标签及阅读器实现的难易程度和设备的成本。工作在不同频段或频点上的电子标签具有不同的特点。射频识别应用占据的频段或频点在国际上有公认的划分,即 ISM(Industrial Scientific Medical)波段。典型的工作频率有 125 kHz、133 kHz、13.56 MHz、27.12 MHz、902～928 MHz、2.45 GHz、5.8 GHz 等。

(1)低频 RFID。低频 RFID 典型的工作频率范围为 125～133 kHz。低频标签一般为无源标签。读写距离较近,一般小于 1 m,主要应用于考勤系统、门禁系统等出入管理、固定资产管理和一卡通系统。

(2)高频 RFID。高频 RFID 典型的工作频率范围为 13.56～27.2 MHz,其工作原理与低频标签基本相同,为无源标签。读写距离一般小于 1.2 m,主要应用于身份证、邮局、空运、医药、货运、图书馆、产品跟踪。例如,我国第二代身份证上的 RFID 频率为 13.56 MHz,读写距离一般小于 0.7 m。

(3)超高频 RFID。超高频 RFID 典型的工作频率范围为 860～960 MHz。不同国家使用的标准不尽相同,欧盟指定的超高频段是 865～868 MHz,美国则是 902～928 MHz,读写距离一般小于 4 m,主要应用于移动车辆识别、仓储物流应用、遥控门锁控制器、车辆跟踪。

(4)微波段 RFID。微波段 RFID 典型的工作频率范围为 2.45～5.8 GHz。微波标签分为被动式、半被动式、主动式三种类型。被动式微波标签的读取范围大约为 5 m,半被动式微波标签的读取范围为 30 m 左右,主动式微波标签的读取范围可达 100 m。微波段 RFID 主要应用于 ETC 不停车收费、集装箱跟踪等。

### 2.1.7 RFID 的应用领域

RFID 可应用于物流、零售、制造业、医疗、交通、汽车、航空以及军事应用等领域。例如,物流过程中的货物追踪与信息自动采集、商品销售数据的实时统计、生产数据的实时监控与质量追踪、车辆防盗与定位、行李包裹追踪、枪支弹药与人员物资的识别及追踪。

## 2.2　传感器技术

传感器技术是物联网感知层的核心技术，其本身就是一门多学科交叉的现代科学与工程技术，主要研究如何从自然信源获取信息，并对信息进行处理和分析。其中，传感器是实现物联网中物与物、物与人进行信息交互的重要组成部分，也是数据采集的入口。

### 2.2.1　传感器的定义

《传感器通用术语》(GB 7665—2005)对传感器的定义是："能感受被测量并按照一定的规律转换成可用输出信号的器件或装置。"根据这个定义，传感器是一种能够识别被测目标状态信息且能够将这个信息进行感知、识别、传输、分析、处理、显示等的检测装置。在物联网的部署中，需要感知节点及时、准确地获取外界事物的各种信息，感知外部世界的各种电量和非电量数据，如电、热量、力、光、声音、位移等，这就必须合理地选择和善于运用各种传感器，以期获得对应的感知数据。传感器是目前世界各国普遍重视并大力发展的高新技术之一。在信息时代，实现物物相连的今天，传感器技术已经成为物联网技术中必不可少的关键技术之一。

传感网是集信息采集、数据传输、信息处理于一体的综合智能信息系统，具有很广阔的应用前景，是目前非常活跃的一个研究领域。传感器技术涉及计算机、电子学、传感器技术、机械、生物学、航天、医疗卫生、农业、军事国防等众多领域。该技术的广泛应用也是一种必然的趋势，它的发展必定会给人类社会带来极大的变革，将会影响我们工作与生活的方方面面。

传感器作为一种核心感知检测设备，是构建自动检测和自动控制等人工智能技术的关键器件。物联网领域也有对应的物联网传感器，其主要功能是实现对目标物体的各种状态信息进行感知和采集，并对信息进行一些信息处理。传感器作为物联网的关键感知设备，可以独立使用，也可以作为其他设备的感知部分，实现物联网信息的感知和输入。可以肯定的是，传感器技术和传感器相关设备在未来物联网技术的发展中发挥着不可替代的功能。

### 2.2.2　传感器的组成

通常情况下，传感器包括敏感元件、转换元件、变换电路、辅助电源等四部分。敏感元件一般用于对目标物体进行感知，实现目标参数的测量，并产生相应的物理信息，例如物体的物理信息、化学信息等；转换元件根据这个物理信息通过自身内部转换成含有有效信息的电信号；变换电路根据这些电信号进行一些信号处理，例如信号调制、方法和整形等；辅助电源主要是为这一过程提供必要的工作电源。

### 2.2.3　传感器的基本原理

传感器是指那些对被测对象的某一确定的信息具有感受和检出功能，并按照一定规律转换成与之对应的有用信号的元件或装置，通常由敏感元件和转换元件组成。传感器实质上是一种功能块，它的作用是将外界的各种各样的信号转换成电信号。它是实现测试和自动控制系统的首要环节。假如没有传感器对原始参数进行精确可靠的测量,那么无论是信号转换还是信息处理,或者最佳数据的显示和控制都没有办法实现。传感器技术是现代信息技术的主要内容之一。传感器一般由敏感元件和转换元件两大部分组成,通常也将转换电路及辅助电路作为其组成部分。传感器的组成结构如图 2-5 所示。

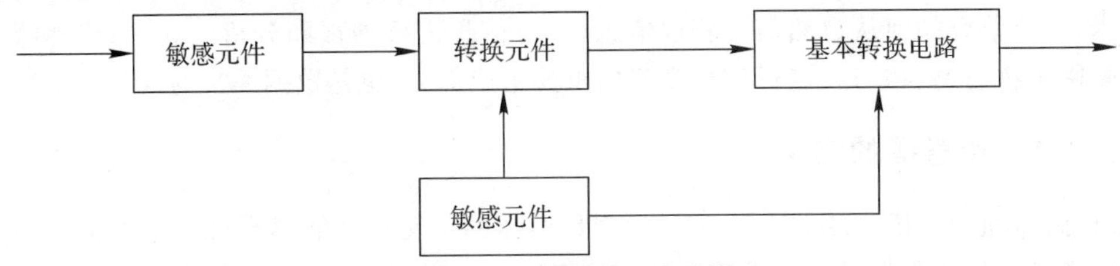


**图 2-5　传感器的组成结构**

传感器的基本特性可以分为静态特性和动态特性两类。与静态特性相关的主要因素有灵敏度与信噪比(S/N)、线性度、时滞、环境特性、稳定性和精度等。与动态特性相关的主要考虑规律性和非规律性。

传感器的静态特性是:如果输入为 0 时,则传感器输出也必须为 0;其他情况传感器输入输出保持特定的对应关系。传感器选择时必须考虑参数灵敏度,当灵敏度没有达到要求时,则不能完成相应的采集指标,这种传感器不能达到任务要求。值得注意的是,传感器灵敏度高但采集效果不一定好,因为灵敏度太高会受到环境噪声和设备本身的噪声干扰。因此在传感器的选择时,要考虑信号与噪声相对关系和任务要求来选择。一般用信噪比(S/N)来衡量传感器输出信号中的信号分量与噪声分量相对关系,信噪比越小,有效信号与噪声就越无法分清,无法准确提取有效信息,一般情况信噪比取值要在 10 以上。

线性度是指输入与输出量之间为直线比例关系。然而,理想线性关系的传感器极少,实际上大都为非线性关系。采用电子电路也不能使其完全线性化。此外,还有补偿电路、放大器、运算电路等引起的非线性等问题。

传感器的迟滞特性表示传感器在正向(输入量增大)和反向(输入量减小)行程间输出与输入特性曲线不一致的程度,通常用这两条曲线之间的最大差值 ΔMAX 与满量程输出 F・S的百分比表示。当然这样就会出现输入与输出不是一一对应的关系,因此在实际应用中要尽量选用时滞小的传感器。

环境特性是指传感器受环境影响的程度。周围环境对传感器的影响最大的是温度。目前,很多传感器材料采用灵敏度高、信号易处理的半导体。然而,半导体对温度最敏感,除温度之外,还有气压、振动、电源电压及频率等都可能影响传感器的特性,实际应用时需要考虑这些因素。

稳定性显然是传感器的一个重要特征。理想特性的传感器是加相同大小输入量时,输出量总是大小相同。然而,实际上传感器特性随着时间变化而变化,因此对于相同大小输入量,其输出量是变化的。在传感器连续工作时,即使输入量恒定,传感器输出量也会朝着一个方向偏移,这种现象称为温漂。需要注意的是,除传感器本身的温漂外,还有安装传感器元件装置的温漂.以及电子电路的温漂等影响因素。

精度是指评价系统的优良程度。精度分为准确度和精确度。所谓准确度是指测量值与真值的偏离程度。为修正这种偏差需要进行校正,完全校正不是容易实施的。所谓精确度是指在测量相同对象时,每次测量都会得到不同测量值,即离散偏差。因此,在实际使用传感器时应尽可能地减少误差。

由于传感器检测的输入信号是随时间而变化的,传感器的特性应能跟踪输入信号的变化,这样可以获得准确的输出信号。如果外界环境的变化太大,传感器就可能跟踪不上这样的变化。这种现象就是响应特性,即为传感器的动态特性。

传感器选用时要考虑传感器的动态性能要求与使用条件,根据实际使用环境进行参数选择和方案制定,使用时也要估算特殊环境下的传感器动态误差。因此,传感器的动态特性一般由传感器本身和测量形式决定。在规律性的测量形式下,有周期性的测量和非周期性的测量。周期性的测量主要有两种方式,即正弦周期输入和复杂周期输入。非周期性的测量主要有三种方式,即阶跃输入、线性输入和其他瞬变输入。在随机性的测量形式下,有平稳的方式和非平稳的随机过程。平稳的测量方式又有多态历经过程和非多态历经过程两类。一般情况下,可以根据传感器"规律性"的输入来确定其响应,从而研究传感器的动态输入输出特性。复杂周期输入信号可以分解为各种谐波,所以可用正弦周期输入信号来代替。其他瞬变输入可用阶跃输入代表。因此,所谓的"标准"输入只有三种,即正弦周期输入、阶跃输入和线性输入。随着信息科学与微电子技术,特别是微型计算机和通信技术的快速发展,传统的传感器已经开始与微处理器、微型计算机相结合,形成了兼有检测信息及信息处理等多项功能的智能传感器。

物联网用传感器既包括嵌入传感器标签、传感器节点内部的传感器,也包括射频识别系统的传感器标签和传感器网络的传感器节点。传感器节点通常是具有网络化接口功能的智能传感器。

### 2.2.4　传感器的分类

传感器是感知物质世界的"感觉器官",用来感知信息采集点的环境参数。传感器可以感知热、力、光、电、声、位移等信号。传感器的类型多样,可以按照用途、材料、测量方式、输出信号类型、制造工艺等方式进行分类。

1. 按照测量方式分类

按照测量方式,可将传感器分为接触式测量传感器和非接触式测量传感器。

2. 按照输出信号类型分类

按照输出信号类型,可将传感器分为模拟式传感器和数字式传感器。

3. 按照用途分类

按照用途,可将传感器分为可见光视频传感器、红外视频传感器、温度传感器、气敏传感器、化学传感器、声学传感器、压力传感器、加速度传感器、振动传感器、磁学传感器、电学传感器。

4. 按照工作原理分类

按照工作原理,可将传感器分为物理传感器、化学传感器和生物传感器。

5. 按照应用场合分类

按照应用场合,可将传感器分为军用传感器、民用传感器和军民两用传感器。

### 2.2.5 常见的传感器

1. 温度传感器

温度传感器测算周围环境的温度，将结果转换成电子信号。温度传感器使用范围广，数量多。温度传感器按传感器与被测介质的接触方式可分为两大类：接触式温度传感器与非接触式温度传感器。凡是需要对温度进行持续监控、达到一定要求的地方都需要温度传感器。在消费领域，温度传感器常用于探测室内温度变化。它能感受温度并转换成可用输出信号。例如：在空调自动模式中，当室内温度高于设置温度时，空调自动制冷；当室内温度低于设置温度时，空调自动制热。实际使用过程中，使用到温度传感器的地方也经常会使用到湿度传感器，所以两者经常集成在一起，形成温湿度传感器。

2. 力觉传感器

力觉传感器能够计算施加在传感器上的力度并将结果转换成电子信号。常见的有片状、开关状压力传感器，在受到外部压力时会产生一定的内部结构的变形或位移，进而转换为电特性的改变，产生相应的电信号。还有一类能够通过气压测定海拔高度的传感器。

3. 加速度传感器

加速度传感器可计算施加在传感器上的加速度并将结果转换成电子信号。常用在智能手机和健身追踪器等智能终端上。

4. 测距传感器

测距传感器测算传感器与障碍物之间的距离，一般通过照射红外线和超声波等，搜集反射结果，根据反射来测量距离，并把结果转换为电子信号。常用于汽车等交通工具，例如倒车警报。

5. 光传感器

光传感器通常是指能敏锐感应紫外光到红外光的光能量，并将光能量转换成电信号的器件。光传感器是一种传感装置，由光敏元件组成，分为环境光传感器、红外光传感器、太阳光传感器、紫外光传感器四类。具有抗电磁干扰、敏感度高的优势，在物联网和信息技术的发展上具有至关重要的地位。特别是随着近几年智能手机、智能照明、数码电子产品、智能穿戴等智能制造和工业互联网的发展，光传感器更是越来越普及。

6. 微机电传感器

微机电系统（Micro-Electro-Mechanical System，MEMS）是指可批量制作的，集微型机构、微型传感器、微型执行器以及信号处理和控制电路、通信和电源等于一体的微型器件或系统，具有重量轻、功耗低、耐用性好、价格低廉等优点。例如，MEMS 系统可使一辆打滑的汽车恢复稳定性和牵引力，使倾斜的智能手机屏幕旋转。

7. 生物传感器

生物传感器（Biosensor）的工作原理是生物能够对外界的各种刺激做出反应。生物传感器是对生物物质敏感并将其浓度转换为电信号进行检测的仪器。智能交互技术中的电子鼻、电子舌就是运用了生物传感器技术。

### 2.2.6　军用传感器技术

军用传感器在品种结构、使用环境、技术要求、制造工艺等方面比民用传感器一般要求更高。军用传感器的典型特征是微型化、多功能化、数字化、智能化、系统化和网络化。按照探测方式、使用方法和原理的不同，目前的军用传感技术主要有以下几类。

1. 成像技术

成像技术分为直接成像和间接成像两种。直接成像意味着可以利用视频显示设备将周边可视范围内的视频图像通过一定的传输方式加密后直接传输到后方的信息处理机构。一般通过微型透镜或 CCD 等器件来实现。间接成像技术通过微波、超声等方式将一定范围内的图像数据经技术处理形成图像，例如雷达。美国人鱼海神的试用传感器所用的 360 度成像技术也属于这种。

2. 声传感器技术

声传感器技术可以对战场的各种声音信号进行有效提取后，经过滤波、放大等处理传到后方信息处理机构，例如水下的声呐系统，这是使用比较成熟的一种技术。

3. 振动传感器技术

振动传感器技术的原理是通过探测地面振动信号对敌方目标进行识别，目前在实际军事应用上可以利用这个技术实现对敌方人员、车辆的监测，一般情况下可以探测到 50 m 内的人员、500 m 内行进的车辆。

4. 磁性传感器技术

该技术主要以探测地球磁场扰动为目标，当铁物体靠近时，地球磁场会发生改变，根据这一特性，磁性传感器可以和振动传感器共同使用，能准确对敌方信息进行识别。

5. 红外辐射传感器技术

该技术是一种无源的红外探测设备，其原理是利用敌方目标与热背景间的温度差发现敌方目标，因此这种技术有较强的抗干扰能力，能增强隐蔽性。

6. 定位与位置感测技术

定位与位置感测技术可以通过发射和接收电磁波而定位物体的位置，从而判断物体的移动。

### 2.2.7　基于 RFID 技术的传感器标签

1. 无源传感器标签

Instrumentel 公司开发的无源标签从阅读器信息捕获足够的能量来驱动整合的传感器。不像有源标签中的传感器，Instrumentel 标签中的传感器只有当它被阅读器查询时才监测环境。无源传感器工作频率是 13.45 Hz，可提供 200 mm 的读出范围，其大小是 20 mm×10 mm。其中无源传感器的一个应用是，带有 pH 值的传感器标签放在假牙中，可用于测试患者口腔中食物的酸碱度。

2.有源传感器标签

碧沙科技推出的第二代有源RFID产品包括2.45 GHz温度传感器标签和2.45 GHz振动传感器标签,阅读范围可达100 m,100个标签可同时读取,数据速率为1 Mb/s,射频输出功率为0 dBm,电池为3 V,耗电为12~18 μA,电池寿命为4年,封装尺寸为90 mm×31 mm×11 mm。温度传感器标签除了识别和定位外,还能收集项目的实时温度,并传输到阅读器记录,温度范围为-50~150 ℃,精度为1 ℃,项目的温度能以所用方法监视和记录,一旦超出合理的温度即报警。它有助于确定一定时间的质量变化,典型应用有低温物流和医药运输。振动传感器标签检测和记录项目的连续或脉冲的振动或冲击,灵敏度为200 mV/g,谐振灵敏度为4 V/g,谐振频率为90 Hz,3 dB频率45 Hz,适用于各种安全和报警系统及工业自动化系统。

### 2.2.8 无线网络化传感器节点

基于无线传感器网络的传感器节点其硬件由传感器、处理器、存储器、能源供应模块和无线通信模块组成,软件由嵌入式操作系统、通信协议包、数据采集和信号处理等嵌入式应用软件组成,因而应该是无线网络化智能传感器。由于物联网应用背景的要求,传感器节点要具有微型化、低功耗、足够的通信距离等特点,以便于嵌入各种对象,以及在各种时空背景应用。

1.单兵生命体征监测无线传感器节点

单兵生命体征监测系统(Warfighter Physiologic Status Monitor,WPSM)是美国未来部队勇士装备的一个子系统,整个系统通过唯一的识别码与其他系统进行区分,传输频率为40 MHz,具有良好的抗干扰性,并且当士兵相互接近时不会产生系统冲突。WPSM实际上也是一套传感器装置,它的主要作用是对体温、心率、血压和呼吸等人体生命体征进行检测和采集,也可以对我方人员的伤亡情况进行采集,可以将这个信息报告给指挥人员。WPSM系统实际上是由一套称为生命信息中心(Medical Hub)的数据采集通信模块和多个生物量传感器节点组成的传感网。生命信息中心负责与全身所用的传感器组成无线局域网传感网,相当于传感网的汇聚节点。该系统中的全部传感器均可以利用无线局域网与Hub相连,Hub接收到传感器传输的生命体征信息进行分析和处理,Hub还能对环境温度进行监测。系统中的这些传感器均通过电池提供电源,这些电池在出厂前均预设了唯一的ID。各传感器与Hub分时段进行数据传输,在网络连接建立后,传感器向Hub发送传输列表(包括它的ID和随机数表)和时钟信息。Hub存储这些信息并保持与传感器时钟同步,随后Hub进入休眠状态。Hub根据传感器传输列表定时唤醒,与相应的传感器进行数据传输。通过时分法与各传感器进行通信,避免了各传感器与Hub之间的通信冲突,同时也降低了Hub和传感器的能量消耗。传感器节点包括药丸式体内温度计、呼吸探测器、生命信号探测器、手表式睡眠质量检测仪和全球定位系统。

(1)药丸式体内温度计。药丸式体内温度计(Core Temperature Pill)顾名思义就是一个放置在体内的温度计,其体积只有药丸大小,能够随时对体内的温度进行监测,利用无线传输将这些信息发送到生命信息机构。

(2)呼吸探测器。呼吸探测器(Fluid Intake Monitor)的主要作用是利用人员空气吸入量对其生命体能情况进行监测。

(3)生命信号探测器。生命信号探测器(Life Sign Detection Sensor)就是一套对人员生命体征信号进行监测的系统,这个装置能够对人员的心跳、呼吸、体温等信息进行监测,也能对弹道进行侦测。如果人员受到伤亡,这个装置就能利用子弹击中人体时的声音信号进行监测并提供报警。

(4)手表式睡眠质量检测仪。手表式睡眠质量检测仪(Sleep Performance Watch)就是一套戴在手腕上的装置,用于对人员的睡眠情况和睡眠质量进行监测分析。

(5)全球定位系统。全球定位系统是一套全球卫星定位系统,它能够对人员进行精确定位,可以掌握人员位置情况,也能对伤病员进行搜救。这个系统可以添加医护救治模块,对人员进行基本救治。

2.地面传感器节点

美国MCQ公司开发了一个商品化的低成本远程安全传感器iScout,它是威胁监测的好帮手,具有远程监控的能力,任何时间活动发生时都会立即通过无线射频连接到本地用户的手持显示,提醒用户。

目前,传感器可以根据物理量、工作原理、制造工艺、输出信号、应用场景等进行分类。当然,也可以按照传感器信息处理功能将其分为一般传感器和智能传感器两类。一般传感器不包括数据智能处理模块,其采集的数据还需要进一步处理;智能传感器一般内置微处理器,能够实现数据采集、处理、交换等功能,在数据采集精度、工作可靠性和稳定性、价格性能等方面有明显的优势。

传感器是物联网信息采集、信息感知的核心器件,为物联网不可替代的组成部分。传感器技术的发展也能对传统产业进行改造升级,促进社会经济效益、科学研究与生产技术的快速提升,提高信息技术水平,促进信息技术的发展与应用。近年来,传感器技术快速发展,已经应用到社会生活各个领域,影响着人类生活水平。

## 2.3　特征识别技术

特征识别是利用“先天的”“与生俱来”的特征,进行个体与群体的辨识。例如,2017年,英国测试用于取代火车票购买的面部识别系统,不用排队,只需要对着摄像头看一眼,就完成了身份识别。随着信息技术的发展,身份识别的难度和重要性越来越突出。密码、IC卡等传统的身份识别方法由于易忘记和丢失、易伪造、易破解等局限性,已不能满足当代社会的需要。基于生物特征的身份识别技术由于具有稳定、便捷、不易伪造等优点,近几年已成为身份识别的热点。

目前,特征识别研究领域非常多,主要包括语音、人脸、指纹、手掌纹、虹膜、视网膜、体形等生理特征识别,按键、签字等行为特征识别,还有基于生理特征和行为特征的复合生物识别。这些特征识别技术是实现电子身份识别最重要的手段之一。在物联网应用领域内,生物识别技术已广泛应用于电子银行、公共安全、国防军事、工业监控、城市管理、远程医疗、智能家居、智能交通和环境监测等各个领域。

### 2.3.1 指纹和手形识别

指纹识别利用人的指纹特征对人体身份进行认证，是目前所有生物识别技术中最为成熟、应用最为广泛的技术。指纹是人与生俱来的身体特征，大约在 14 岁以后，每个人的指纹就已经定型，不会因人的继续成长而改变。指纹具有唯一性，不同的两个人不会具有相同的指纹。

指纹识别发展到现在，已经完全实现了数字化。在检测时，只要将摄像头提取的指纹特征输入处理器，通过一系列复杂的指纹识别算法的计算，并与数据库中的数据相对照，很快就能完成身份识别过程。这种通过识别人的指纹作为身份认证的技术，广泛应用于指纹键盘、指纹鼠标、指纹手机、指纹锁、指纹考勤、指纹门禁等多个方面。

### 2.3.2 面部识别

顾名思义，面部识别就是一种利用人的面部特征对人员进行识别的技术，按照识别原理可以分成基于标准视频的识别和基于热成像技术的识别两类。

1. 基于标准视频的识别

基于标准视频的识别就是利用普通摄像头对人员的面部特征进行识别，例如眼睛、鼻子、嘴等，可以将这些面部特征转换成对应的数字信号，再通过相应技术对其身份进行识别。例如，美国南加州大学开发了一套称为“Mugshot”的计算机软件，先对人的面貌特征进行扫描并存储在计算机里，然后通过摄像机在流动的人群中自动寻找并分析影像，从而辨认出那些已经储存在计算机中的人的脸孔。

2. 基于热成像技术的识别

基于热成像技术的识别属于红外技术的应用，其原理是利用人员面部热辐射成像进行面部特征识别，从而实现人员身份识别。由于热成像技术对环境的光源条件要求不高，能够在光线黑暗的环境中正常完成人脸识别。例如，英国用于火车票购买的面部识别系统通过两个高速红外摄像头来捕捉乘客的面部信息。和现有特征点识别的相机不同，红外识别可以获得更多人脸上诸如鼻梁高度、眼窝深度、双眼间距，甚至是皮肤皱纹之类的细节信息。这意味着，无论是打印的照片还是双胞胎都会被这项技术分辨出来。

### 2.3.3 虹膜识别

人眼由瞳孔晶状体、虹膜、巩膜、视网膜等部分组成。虹膜就是眼睛瞳孔四周有颜色的肌肉组织，黑色瞳孔以外、白色巩膜以内的环状区域为虹膜。虹膜上有很多微小的凹凸起伏和条状组织，其表面特征几乎是唯一的。虹膜识别的工作过程与指纹识别有些类似，先将要扫描的高清虹膜特征图像转换为数字图像特征代码，存储到数据库中，当进行身份识别时，只需将待检测者虹膜图像的图像特征代码与事先储存的图像特征代码相对比，即可判明身份。

1991 年，世界上第一个虹膜特征提取技术专利由英国剑桥大学约翰·道格曼教授获得。在所有生物特征识别技术中，虹膜识别的错误率是当前各种生物特征识别中最低的。虹膜识别技术以其高准确性、非接触式采集、易于使用等优点在国内得到了迅速发展。虽然虹膜识别技术比其他生物认证技术的精确度高几个到几十个数量级，但是虹膜识别也存在缺点。例如，使用者的眼睛必须对准摄像头，而且摄像头近距离扫描用户的眼睛，是一种侵入式识别方式，会造成一些用户的反感。为了克服这一不足，先进的虹膜成像技术采用基于商用 CCD、CMOS 成像传感器技术的数码相机来采集高清虹膜特征图像，因此不需要采集者和采集设备之间的直接身体接触。在目前所有的虹膜图像采集系统中，所使用的光源和成像平面镜都不会对人眼做扫描，用户眼睛丝毫不受影响。

### 2.3.4　语音识别

语音识别主要是指利用人的声音特点进行身份识别的一门技术。其中比较典型的“声纹提取”，能够通过录音等采集设备不断地测量、记录声音的波形和变化等特征，将现场采集到的声音与登记过的声纹特征进行匹配和辨识，从而确定用户的身份。

语音识别是一种人们普遍比较喜欢使用的非接触式语音识别技术，识别效果往往根据音量、音速和音质的不同具有较大差异。一般情况下，一个人平时的声音和感冒时的声音就有很大的不同，如果一个人刻意对自己的声音进行变声，那么也会影响语音识别效果。语音识别技术的延伸还包括嘴唇运动识别技术。人工智能在语音识别中不仅显著提高了识别率，并且开拓了语音-唇形双通道识别技术。

### 2.3.5　签字识别

签字识别技术是一种应用成熟的技术，其工作原理是通过对签字者书写的字形、速度、顺序和力度等信息进行测量，从而实现签字者的身份识别。值得注意的是，签字识别技术很容易受到人为主观意识的影响，如果签字者刻意改变书写的特征，就会影响识别的精确度。

### 2.3.6　认知轨迹识别

“认知轨迹”是一种先进的识别技术，这种技术的原理是对计算机用户浏览页面的视觉跟踪习惯、单个页面的浏览速度、电子邮件及其他通信的方法和结构、按键方式、用户信息搜索和筛选方式以及用户阅读素材的方式等特征进行测量，融合这些测量结果就能获取用户的认知轨迹，从而实现用户身份的验证。总之，认知轨迹识别就是根据一个人的言行举止，或者进行一系列具体操作的特征提取，可以“锁定”一个人。

### 2.3.7　复合生物识别技术

复合生物识别是一种融合生理特征和行为特征的复合识别技术。可以在应用中扬长避短、相互补充，从而获得更高的总体识别性能。

## 2.4　室内定位技术

随着人类社会的发展，为了更好地在地球上辨别方位，人们发明了指南针和罗盘等设备。随着科学技术的快速发展，卫星定位成为一种新型的定位技术，为人类提供更加广泛、精确的定位。随着城市化建设进一步推进，城市建筑内部空间结构布局越来复杂。例如，一般大型医院室内都有很多科室,室内房间布局十分复杂,想要在医院内找到自己的目的地,必须通过医院引导标志或者熟人带路,十分不方便。同样的情况可能发生在地下停车场内,许多车辆可能因为想找到停车位在地下车库迷失方向。因此,室内定位技术成为一种高度需要的技术,受到人们的密切关注。

### 2.4.1 室内定位的概念

室内定位一般指的是在室内环境中对目标物体进行定位的一种技术。与室外卫星定位"一统天下"的情况不一样,室内定位各种技术呈现出百花齐放的场景。根据实现原理的不同,室内定位技术可以分成邻近探测法、质心法、极点法、多边定位法、指纹法和航位推算法等,见表 2-2。由表 2-2 可知,这几种室内定位技术都有自己的特点,一般根据不同应用场景和实际应用需求,可以将不同定位方法综合应用。

**表 2-2 室内定位方法特征**

| 定位方法 | 描 述 | 应用案例 | 特 点 |
| --- | --- | --- | --- |
| 邻近探测法 | 通过一些有范围限制的物理信号的接收,从而判断移动设备是否出现在某一个发射点附近 | 基站定位 | 操作简单,精度不高,依赖参考点分布密度 |
| 质心定位法 | 根据移动设备可接收信号范围内所有已知的信标位置,计算其质心坐标作为移动设备的坐标 | 基站定位 | 精度不高,依赖参考点分布密度 |
| 多边定位法 | 通过测量待测目标到已知参考点之间的距离,从而确定待测目标的位置 | 超声波 | 精度高,应用广 |
| 极点法 | 测量相对某一已知参考点的距离和角度从而确定待测点的位置 | 激光扫描 | 测量简单,精度高,应用不广 |
| 指纹定位 | 在定位空间中建立指纹数据库,通过将实际信息与数据库中的参数进行对比来实现定位 | 地磁 | 精度高,前期工作量大,不适合环境变化区域 |
| 航位推算法 | 根据预先确定的位置、估计或已知的速度和时间来估计当前的位置 | 惯性导航 | 数据稳定,无依赖,误差随时间积累 |

### 2.4.2 室内定位技术的分类

1. Wi-Fi 定位技术

Wi-Fi 定位技术是一种应用成熟、范围广泛的技术,近年来受到很多人的追捧。根据实现原理的不同,Wi-Fi 定位技术可以分成近邻法判断法和三边定位法。近邻法判断法的原理是根据目标物体靠近热点或基站的距离进行判断,离某个热点或基站越近,则认为目标物体处在这个热点或基站的位置。三边定位法主要应用在目标物体附近存在多个信源的情况,此时可以通过这个方法实现目标物体的精确定位。

近年来,Wi-Fi 技术快速发展,很多地方都已覆盖 Wi-Fi 网络,所以实现 Wi-Fi 定位不需要部署专门的设备。当目标使用智能手机连接 Wi-Fi 时,就可以实现该目标的定位。Wi-Fi 定位技术由于可扩展、可自动更新、成本不高的特点,已实现规模化、产业化发展。值得注意的是，由于 Wi-Fi 热点容易受到周围环境的干扰，定位精度一般都不太高，因此需要提高定位精度，往往采用数据对比的方法，其原理是把新加入的设备的信号强度和事先建成的大数据库进行对比，从而实现目标位置的确定。Wi-Fi 定位技术一般只适合大范围的定位，但是该技术的定位精度一般不太高，这种技术可以用于对人员、车辆等定位和导航，主要用于医院、公园、超市等场所。

Wi-Fi 指纹是指在室内一个位置的各个 Wi-Fi 的信号强度向量。例如，在一个室内空间中部署了 5 个热点，则在室内的一个位置 P1 可以收到这 5 个热点的信号强度，我们分别记为 R1、R2、R3、R4、R5。这样就会构成一个信号强度的向量。位置 P1 处的 Wi-Fi 指纹就是 P1:(R1,R2,R3,R4,R5)。

当 Wi-Fi 指纹用于室内空间的定位时，一般按如下顺序进行：

第一步：先对室内空间进行勘测，记录每个位置的指纹值，还有坐标位置。比如测量了室内空间 100 个位置点的指纹，并把它们存起来。

第二步：当目标出现在室内空间的某一个位置点上，则可以得到所在位置接收到的 5 个热点的信号强度值。

第三步：将该处的指纹与第一步已经测得的 100 个位置点的指纹依次比较，看与哪个指纹最接近，这样目标的位置就可以确定了。

2. 惯性导航定位技术

惯性导航定位技术的工作原理是通过用户终端装备的惯性传感器对目标进行定位，惯性传感器可以利用用户设备的加速度传感器、陀螺仪等装置对目标的运动特征进行测量，例如设备的速度、方向、频率等，再通过导航定位算法实现目标的定位。

值得注意的是，惯性导航定位也存在一定的定位误差，因此可以结合其他更高精度的数据源对惯性导航定位结果进行数据校准。一般情况下，惯性导航定位可以和 Wi-Fi 定位技术结合，每隔一段时间利用 Wi-Fi 定位技术对惯性导航定位结果产生的误差进行校准，从而提高定位精度，这项技术目前已在扫地机器人中成熟应用。

3. iBeacon 定位技术

iBeacon 是基于蓝牙 4.0 低功耗协议的定位技术。可以用它来打造一个信号基站，当用户手机设备进入该区域时，就会获得该基站的推送信息。当在一个大型商场安装时，iBeacon 基站可以与手机设备互动，让用户轻易找到想要的东西，或是查看一些正在促销的商品。同时，当用户经过一个商店外面时，手机就可以自动接收到这家商家的新品，或是一些促销的商品。

4. RFID 定位技术

RFID 定位技术主要利用 RFID 阅读器对目标物体的标签的身份 ID、接收信号强度等特征信息进行采集和识别，从而实现目标物体的定位。一般情况下，这项技术的定位距离很近，可以实现短时间的厘米级高精度定位。因此，这项技术已在紧急救援、资产管理、人员追踪等方面得到广泛应用。

5. 红外定位技术

根据红外定位技术的实现方法的不同可以将其分成两类。第一类是在目标物体上安装一个电子标签,这个电子标签可以发射红外线,然后在室内安装多个红外传感器,对红外线的距离、角度等信息进行测量,实现目标物体位置的计算。一般情况下,该方法适用于空旷的环境中,可以得到较为精确的结果。由于红外线的传输距离较短,且容易受到障碍物的影响,所以需要在室内安装大量的红外传感器,会导致建设成本增加。另外,红外线会受到环境中的热源、灯光等因素影响,也会降低测量精度,增大定位误差。因此,这项技术已在军事上广泛应用,可以对敌方飞机、导弹等红外辐射源装备进行被动定位。

第二类红外定位技术为红外织网技术,这种技术的原理是在待测空间部署多对发射器和接收器,组成红外线网,可以实现对地方运动目标的定位。很明显,该技术可以不要求目标对象携带任何终端或标签,具有隐蔽性强的特点,目前已成熟应用在安防领域。这项技术的缺点是需要提前在定位空间安装许多红外发射和接收装置,安装成本高,这也限制了该技术在普通场所的应用。

6. 超声波定位技术

超声波定位技术的工作原理是采用多边定位的方法对目标物体进行定位,将一个主测距器部署在目标物体上,多个接收器部署在室内环境,首先向接收器发射一个相同频率的信号,然后接收器接收信号后将这个信号反射给待测目标物体上的主测距器,再由回波和发射波之间的时间差得到距离,进而得到目标物体的位置信息。

超声波定位技术的优点是技术实现结构简单,且定位精度较高,缺点是超声波容易受多径效应和非视距传播的影响,同时超声波频率容易受到多普勒效应和温度的影响,在技术实现的时候需要部署一个主测距器和多个接收器,安装成本高。

7. 超宽带定位技术

超宽带定位技术的工作原理是通过预先在已知位置部署锚节点和桥节点,再和新的盲节点通信,同时通过三角定位或者“指纹”等方式对目标物体进行定位。该技术优势是提供更精准的方向,且可采用高精度定时来进行距离测算。值得注意的是,超宽带定位技术的不足是不能实现大面积的定位,且该技术的建设成本也较高。

8. LED 可见光定位技术

可见光定位是一个新兴领域。该技术的工作原理是:首先将每个 LED 灯编码,同时将 ID 调制在灯光上,LED 灯就会发射唯一的 ID,通过摄像头对这些编码进行识别,然后通过这些信息与数据库中数据的对比,就能实现目标物体的定位。今年,该技术已成熟应用在大型商超中,顾客可以根据手机里的软件提示,快速在货架上找到目标商品的位置,这种方式大大地节省了顾客的时间,也能提高商超的销售额。

常见的几种室内定位技术对比见表 2-3。总的来说,各种室内定位技术均有自己的优缺点。一般情况下,室内定位技术可以采用多种技术优势互补,采用其他辅助装置可以提高定位精度,但这些方式会增加定位成本,限制室内定位技术的应用和发展。在物联网中,随着室内定位技术的发展,多种定位技术融合,构建优势互补的新型室内定位方式,是未来的发展趋势。

表 2-3　室内定位技术对比

| 技　术 | 成　本 | 优　点 | 缺　点 |
|---|---|---|---|
| Wi-Fi | 低 | 网络广泛、通信能力强 | 易受环境干扰 |
| RFID | 中 | 成本不高、精度高 | 标识没有通信能力、距离短 |
| 蓝牙 | 低 | 设备体积小、易集成、易普及 | 传播距离短、稳定性差 |
| 惯性 | 低 | 不依赖外部环境 | 存在累计误差、不适合长期使用 |
| 红外线 | 高 | 精度高 | 直线视距、传输距离短，易干扰 |
| 超声波 | 高 | 精度高 | 受环境温度影响、传输距离短 |
| UWB | 高 | 精度高、穿透性强 | 成本高、覆盖范围小 |
| 可见光 | 高 | 通信速率高、抗干扰能力强 | 覆盖范围小 |

## 2.5　智能交互技术

物联网可以理解为以机器的智能交互为核心，实现网络化应用与服务的一种“物物相连”的网络。其实，物联网中机器和机器的通信、人和人的通信不是天然有界限的，机器和机器通信还是要受人控制，最终为人服务。所以，人机交互是物联网中必不可少的重要环节。物联网的智能特征也需要更为智能化的交互方式，一方面是强调了终端的智能化，为了把机器的世界和人的世界结合起来，我们要增强机器对信息的智能收集和处理的能力，这样对终端的智能化就有所要求，因为这些信息的来源不仅局限于物，还可能是源自人或人的感官的信息。另一方面强调了交互的智能化，因为我们不会仅停留在鼠标、键盘这样的交互上，更需要在融洽的人机环境中用触摸、语音、眼神、动作甚至心理感应，与机器交流人类的真实想法。所以说，人机的智能交互是物联网中人物之间联系的重要方面，智能交互也是物联网智能的重要体现之一。

### 2.5.1　增强现实技术

1. 增强现实技术的概念

增强现实技术注意利用实时头部跟踪等技术，将计算机生成的虚拟景物或数字信息叠加到真实世界的画面中，以扩展对真实世界的认知。其核心技术包括三维注册、虚实融合、实时交互等。增强现实是虚拟现实的一种类型，或者说是虚拟现实技术形式与内涵的发展和延伸。增强现实指的是把计算机生成的虚拟信息叠加在现实世界中，实现对真实世界信息的增强，使用户获得新的认知，并和虚拟世界发生交互。早在 20 世纪 60 年代，人们就提出了增强现实的基本形式。在信息技术发展到一定程度后，人机交互设备不断更新，近二三十年人们终于将它变为现实。

2. 增强现实技术的原理

增强现实技术借助光电显示技术、交互技术、计算机图形技术和可视化技术等构建出三维虚拟对象,当用户和增强现实系统交互时,传感技术识别出标识物,然后将虚拟对象准确地“放置”在真实环境中,用户通过显示设备看到虚拟对象与真实环境融为一体,从感官效果上“确信”虚拟事物是周围真实环境的一部分。基于此,用到的硬件包括计算机或移动设备、摄像机、跟踪与传感系统、显示器、计算机网络和标识物;软件包括应用程序、网络服务和内容服务器。增强现实系统具有三个特点,分别是虚实融合、实时交互和三维配准。

增强现实技术按跟踪方法分为两种:一种是基于标识物的跟踪方法,即摄像头要捕捉到特定的识别物,然后使软件检索出相应信息,标识物通常是二维卡片,常用的是黑白方形图案;另一种是无标识物跟踪方法,通常应用于移动智能终端,使用地理基站或全球定位系统数据。不管是哪种类型,都需要有高速数据网和有效处理器,快速、准确地处理相关数据,使现实和虚拟融合得更加自然,人机交互更加友好。

3. 增强现实技术的应用领域

增强现实技术应用十分广泛,包括广告、医疗、机器装配与维修、导航系统、考古与文物展示、艺术、娱乐游戏以及教育等诸多领域。例如,疫情期间,5G+AR远程会诊、AR查房、非接触式AR测温、AR车辆管控系统等,在疫情防控和复工复产中发挥了积极作用。国际博物馆日推出的“万年永宝:中国馆藏文物保护成果展”引入了增强现实技术,利用AR眼镜等穿戴设备,实现了展厅现场中虚拟与现实的交互展示,观众可以看到国家馆藏文物保护修复的最新成果。

现在人们的生活正越来越数字化,我们周围的信息也正日益与情境相关,并能够被快捷地获取。增强现实技术透过移动设备的摄像头,可以让观众看见虚拟的物体在自己的手中跳动,体验虚实结合的强烈沉浸感,产生身临其境的奇妙感受,完美实现了虚拟与现实的结合。

### 2.5.2 虚拟现实技术

1. 虚拟现实技术的概念

虚拟现实简称VR(Virtual Reality)技术,是20世纪发展起来的一项实用技术。虚拟现实技术是指利用计算机生成一种可对用户直接施加视觉、听觉和触觉感受,并允许交互的虚拟世界的技术,涉及三维图形生成技术、动态环境建模技术、激光扫描技术、广角立体显示技术、高分辨率显示技术、多传感交互技术、三维空间追踪定位技术、手势识别技术、语音输入输出技术、系统集成技术等多种技术。

2. 虚拟现实技术的特点

虚拟现实技术的特点如下。

(1)多感知性。即除了视觉感知外,还有听觉、力觉、触觉、运动甚至味觉、嗅觉等感知,理论上具备人所具有的一切感知功能。

(2)沉浸感。指用户作为主角存在于模拟环境中感到的真实度,用户全身心投入计算机生成的三维虚拟环境中,一切如同在现实世界中的感觉一样。

(3)可交互性。指用户对虚拟环境内物体的可操作程度和得到反馈的自然程度,比如用户用手抓取环境中的虚拟物体时,可以感知到手握东西的感觉,还可以感受到物体的重量,看到物体的移动。

(4)可想象性。即虚拟现实技术具有广阔的可想象空间,不仅可以再现真实存在的环境,也可以随意构想现实不存在的甚至不可能发生的环境。

VR技术为人们带来了更具感染力和沉浸感的体验,让人们的生产生活方式有了前所未有的变化。为了提供更好的产品和服务,虚拟现实技术不仅在军事和航空航天等领域有极高需求,还进入了社会生活中,在游戏、建筑、产品、影视、旅游、工业制造、教育培训、医疗健康、军事以及航空航天等领域有着越来越多的应用。

3.虚拟现实技术的应用领域

虚拟现实技术的使用有着非常重要的现实意义,而且现已应用在诸多领域。

(1)军事航天领域。军事领域的研究一直是推动虚拟现实技术发展的原动力,目前依然是其主要的应用领域。在军事上,虚拟现实的最新技术成果往往被率先应用于航天和军事训练,利用虚拟现实技术可以模拟新式武器如飞机的操纵和训练,以取代危险的实际操作,利用虚拟现实仿真实际环境,可以在虚拟的或者仿真的环境中进行大规模的军事实习的模拟,虚拟现实的模拟场景如同真实战场一样,操作人员可以体验到真实的攻击和被攻击的感觉。这将有利于从虚拟武器及战场顺利地过渡到真实武器和战场环境,对于各种军事活动的影响将极为深远,具有广泛的军事应用前景。迄今,虚拟现实技术在军事中发挥着越来越重要的作用。

(2)娱乐领域。丰富的感觉能力与3D显示环境使得VR成为理想的视频游戏工具。如芝加哥开放了世界上第一台大型可供多人使用的VR娱乐系统,其主题是关于3025年的一场未来战争。

(3)医学领域。虚拟现实技术可以弥补传统医学的不足,主要应用在解剖学、病理学教学、外科手术训练等方面。医疗保健一直都是虚拟现实技术的主要应用领域。一些机构利用计算机生成的图像来诊断病情。同样,外科医生在真正动手术之前,可以通过虚拟现实技术的帮助,在显示器上重复地模拟手术,完成对复杂外科手术的设计,寻找最佳手术方案,这样的练习和预演,能够将手术对病人造成的损伤降至最低。

(4)艺术领域。虚拟现实技术作为传输显示信息的媒体,在艺术领域有着巨大的应用潜力。例如,VR技术能够将绘画、雕塑等静态的艺术转化为动态的,可以提高用户与艺术的交互,并提供全新的体验和学习方式。

(5)教育领域。虚拟学习环境、虚拟现实技术能够为学生提供生动、逼真的学习环境。亲身经历的“自主学习”环境比传统的说教学习方式更具说服力。利用虚拟现实技术,可以建立各种虚拟实验室,如物理、化学、生物实验室等。

(6)生产领域。利用虚拟现实技术建成的汽车虚拟开发工程,可以在汽车开发的整个过程中全面采用计算机辅助技术来缩短设计周期。例如,美国福特公司官方公布过一项汽车研发技术——3D CAVE 虚拟技术。设计师戴上 3D 眼镜坐在“车里”，就能模拟“操控汽车”的状态，并在模拟的车流、行人、街道中感受操控行为，从而在车辆被生产出来之前，及时、高效地分析车型设计，了解实际情况中的驾驶员视野、中控台设计、按键位置、后视镜调节等，并加以改进，这套系统能够有效控制汽车开发成本。

## 2.6 小　结

本章主要介绍了物联网技术中的主要感知识别技术，包括 RFID 技术、传感器技术、特征识别技术、室内定位技术和智能交互技术，需要对各种技术的基本情况、特点和应用领域等加以了解，为物联网技术的实际设计和应用奠定理论基础。

# 第3章　物联网网络通信技术

**本章目标**

(1)掌握物联网常见网络通信技术。
(2)了解蓝牙技术的特点、原理及应用。
(3)了解ZigBee、6LoWPAN、M2M、Li-Fi和5G技术特点、原理及应用。
(4)了解空间物联网和无线传感器网络的特点和应用。

## 3.1　蓝牙技术

### 3.1.1　蓝牙技术的概念

蓝牙,是一种支持设备短距离通信(一般10 m内)的无线电技术,能在包括移动电话、PAD、无线耳机、笔记本电脑、相关外设等众多设备之间进行无线信息交换。利用蓝牙技术,能够有效地简化移动通信终端设备之间的通信,也能够成功地简化设备与Internet之间的通信,从而使数据传输变得更加迅速高效,为无线通信拓宽道路。蓝牙采用分散式网络结构以及快跳频和短包技术,支持点对点及点对多点通信,工作在全球通用的2.4 GHz ISM(即工业、科学、医学)频段,其数据速率为1 Mb/s。采用时分双工传输方案实现全双工传输。

### 3.1.2　蓝牙技术的起源

蓝牙技术最初由电信巨头爱立信公司于1994年创制,当时是作为RS232数据线的替代方案。蓝牙可连接多个设备,克服了数据同步的难题。1998年5月,爱立信联合诺基亚、英特尔、IBM、东芝这4家公司一起成立了蓝牙特别兴趣小组(Special Interest Group,SIG),负责蓝牙技术标准的制定、产品测试,并协调蓝牙技术的具体使用。

### 3.1.3　蓝牙协议

蓝牙协议的标准版本为IEEE 802.15.1,基于蓝牙规范V1.1实现,后者已构建到现行很多蓝牙设备中。新版IEEE 802.15.1a基本等同于蓝牙规范V1.1标准,具备一定的QoS

特性,并完整保持后向兼容性。IEEE 802.15.1a 的 PHY 层中采用先进的扩频跳频技术,提供 10 Mb/s 的数据速率。另外,在 MAC 层中改进了与 802.11 系统的共存性,并提供增强的语音处理能力、更快速地建立连接能力、增强的服务品质以及提高蓝牙无线连接安全性的匿名模式。

### 3.1.4 蓝牙技术的特点

近年来,因为蓝牙设备的体积不大、功率也很低,所以蓝牙技术不仅作为计算机的外设设备,也可以集成到其他数字设备中,作为其数据近距离传输的主要功能,例如智能手机、便携式电脑等。蓝牙技术的主要特点如下。

1. 蓝牙技术无处不在

蓝牙技术在智能手机上得以普及,目前所有智能手机均有蓝牙功能,方便用户日常文件传输、网络共享、设备连接等。

2. 功耗低

随着低功耗蓝牙技术(BluetoothLow Energy,BLE)的出现,开发人员能够开发出只需一小颗纽扣电池就可运行数月甚至数年的小型传感器。这为蓝牙技术成为物联网的主流技术之一奠定了基础。

3. 易采用

对开发者而言,开发蓝牙产品只需基于核心规格,再将配置文件和定制服务逐层添加上去。对于消费者而言更是简单,只需要进入设置,打开蓝牙,或配对或直接等待启动通信就可以了。

4. 应用成本低

添加蓝牙技术的成本较低。如昇润科技蓝牙 4.2 BLE 模块 HY - 40R204P 只需 20 元/个,并且可以得到相应的技术支持。

### 3.1.5 蓝牙技术的应用

蓝牙技术可以无线连接设备。比如,蓝牙技术可将门锁、灯、电视、玩具、汽车电子、医疗设备、运动器材等几乎能想到的所有东西都与蓝牙连接起来。最棒的体验是通过蓝牙技术还可以利用 Beacon 应用与购物者、旅客或者参与赛事的观众连接起来。最新的应用是在共享经济中的体验,如共享单车等。未来蓝牙技术的应用将随着开发人员的想象力,无边无界地拓展。

## 3.2 ZigBee 技术

### 3.2.1 ZigBee 的概念

ZigBee 在中国被译为“紫蜂”,是一种基于 IEEE802.15.4 协议的最近发展起来的一种短距离无线通信技术,功耗低,被业界认为是最有可能应用在工控场合的无线方式。ZigBee

是基于IEEE802.15.4标准的低功耗个域网协议，类似于CDMA和GSM网络。这一名称来源于蜜蜂的八字舞，因为蜜蜂(bee)是靠飞翔和“嗡嗡”(zig)地抖动翅膀的“舞蹈”来与同伴传递花粉所在方位信息，也就是说蜜蜂依靠这样的方式构成了群体中的通信网络。ZigBee技术是一种高可靠的无线数传网络，ZigBee数传模块类似于移动网络基站。可以嵌入各种电子设备中。该技术主要设计用于低速通信网络。ZigBee是一个由多到65 000个无线数传模块组成的一个无线数传网络平台，在整个网络范围内，每一个ZigBee网络数传模块之间可以相互通信，每个网络节点间的距离可以从标准的75 m无限扩展。

### 3.2.2　ZigBee技术的起源

随着蓝牙技术快速发展，人们发现蓝牙技术也有一些不足。例如，在工业自动化控制领域，蓝牙技术存在传输距离近、功耗大等缺陷，随着社会的进步，工业自动化领域对数据传输的要求越来越高，蓝牙技术已经不能满足这些需求。

2002年下半年ZigBee联盟成立，这是一个由大约400家技术公司组成的非营利性联盟，总部位于加利福尼亚州戴维斯。这一联盟背后的目标是促进低功率无线产品的互操作性。迄今为止，ZigBee联盟已经发布了三代标准：ZigBee1.0(2004)、ZigBee2.0(2007)和ZigBee3.0(2014)。ZigBee3.0是最新、最全面的标准版本，在安全性、范围、数据速率和功耗方面比以前的版本有了显著增强。ZigBee联盟和Wi-Fi联盟两家公司都致力于推广短程无线通信技术。但是ZigBee联盟是一个国际标准组织，负责制定和推广ZigBee通信协议；Wi-Fi联盟是一个促进Wi-Fi网络标准的贸易团体。

### 3.2.3　ZigBee技术的特点

1. 低功耗

由于ZigBee的传输速率低，发射功率仅为1 mW，而且采用了休眠模式，功耗低，因此ZigBee设备非常省电。据估算，ZigBee设备仅靠两节5号电池就可以维持长达6个月到2年左右的使用时间。

2. 低成本

由于ZigBee模块的复杂度不高，ZigBee协议免专利费，再加之使用的频段无须付费，所以它的成本较低。

3. 时延短

通信时延和从休眠状态激活的时延都非常短，典型的搜索设备时延30 ms，休眠激活的时延是15 ms，活动设备信道接入的时延为15 ms。

4. 网络容量大

一个星型结构的ZigBee网络最多可以容纳254个从设备和1个主设备，一个区域内可以同时存在最多100个ZigBee网络，而且网络组成灵活。网状结构的ZigBee网络中可有65 000多个节点。

5. 可靠

ZigBee技术采取了碰撞避免策略，同时为需要固定带宽的通信业务预留了专用时隙，避免了发送数据的竞争和冲突。MAC层采用了完全确认的数据传输模式，每个发送的数据包都必须等待接收方的确认信息。如果传输过程中出现问题可以重发。

6. 安全

ZigBee提供了基于循环冗余校验(CRC)的数据包完整性检查功能，支持鉴权和认证，采用了AES-128的加密算法，各个应用可以灵活确定其安全属性。

### 3.2.4 ZigBee技术的应用领域

1. 智能家居

ZigBee应用在智能家居行业是由无线传感器网与智能家具的基本属性所决定的。因为智能家居的基本属性包括：第一个全天候、第二个全区域、第三个全功能。ZigBee还有更强的整合能力，能解决传统需求，最终达到优化生活方式的目的。智能家居的全天候工作都要求我们整个系统不受白天黑夜的限制，从唤醒用户到送用户出门上班，从迎接用户回家到陪伴用户入睡，智能家居一直在工作着，甚至在用户入睡后也要随时听候吩咐。如果用户夜间起床，智能夜灯自动启动。ZigBee技术用在智能家居最大的优点就是全区域，ZigBee的节点数越多越稳定，用户在家中任何区域都可以与智能家居进行交互并享受相应的功能，甚至不在家中的时候也可以进行远程查看和控制，其广泛的交互区域和互动能力是一般传统家居功能无法比拟的。

目前，ZigBee联盟网站列出了数百种可用于家庭自动化的设备。家庭自动化ZigBee设备包括所有常见的IoT家庭设备，如智能灯泡、智能开关、智能锁、运动传感器和智能恒温器等。

2. 工业控制

在工业自动化领域，利用传感器和ZigBee网络可使工业数据的自动采集、分析和处理变得更加容易，其可以作为决策辅助系统的重要组成部分。例如，危险化学成分的检测、火警的早期检测和预报、高速旋转机器的检测和维护等。

3. 自动抄表

如何实现抄表自动化、智能化是人们一直思考的问题。因为煤气表、电表、水表等都需要人工进行抄表，这是一件很烦琐、费时的事。ZigBee技术完全可以应用在这些方面，实现自动抄表。其工作原理是通过传感器把煤气表、电表、水表的读数经过特定的处理后转化为能够识别的数字信号，再利用ZigBee技术把数字信号分别传给煤气公司、自来水公司和国家电网，自动获取表中的读数。另外，ZigBee技术应用到自动抄表中，可以更加智能地对水、电、气等进行合理的管理和控制。

4. 医疗监护

利用ZigBee技术可以在人类身体上嵌入一些传感器装置，可以实现对人体的脉搏、血压等的监测，实现健康预警，也可以在人们身边环境部署一些利用ZigBee技术的监视器，能实现随时随地对人体健康进行监测和预警。例如，可以在一些老年公寓或者养老机构中安装基于ZigBee网络的无线定位装置，就能实现对老人状况实时定位和全天监测，保护老人的身体健康。

5. 新能源领域的应用

ZigBee的低功耗和高可靠性使其成为将太阳能逆变器无线连接到云端的主要技术之一。作为太阳能监测系统，ZigBee的无线传感器可用于离网光伏装置的远程操作，以监测和改变太阳能电池板的角度。

ZigBee Green Power使用能量捕获技术，利用热能、动能、感应和光能，为住宅和商业空间实现自动化，使无线设备几乎可以在任何地方使用，无须连接电源或使用可能造成水土污染的电池。随着全球自动化趋势的不断发展，Green Power正被应用于各种新场景，以创造更绿色的地球。

ZigBee凭借其广泛的市场应用、成熟的技术以及已经在全球范围内部署的数亿个设备，可望以后取得更大的成功。

## 3.3　6LoWPAN技术

### 3.3.1　6LoWPAN的概念

6LoWPAN(IPv6 over Low Power Wireless Personal Area Network)是一种使用IPv6协议的低功耗无线个域网。由于IPv6标准要求网络中所有路由器的传输单元不能小于1280个字节，而常规Zigbee中一帧数据最多200个字节，明显不能满足IPv6标准，所以需要一种针对低功耗无线网络的简化版IPv6，这就是6LoWPAN。

6LoWPAN协议栈位于IPv6网络层和IEEE 802.15.4数据链路层之间，示意图如图3-1所示。

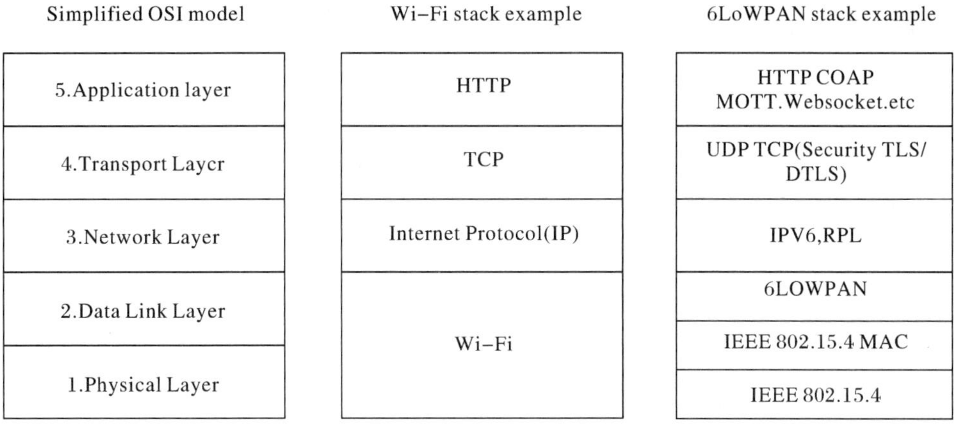

| Simplified OSI model | Wi-Fi stack example | 6LoWPAN stack example |
| --- | --- | --- |
| 5.Application layer | HTTP | HTTP COAP MOTT.Websocket.etc |
| 4.Transport Laycr | TCP | UDP TCP(Security TLS/DTLS) |
| 3.Network Layer | Internet Protocol(IP) | IPV6,RPL |
| 2.Data Link Layer | Wi-Fi | 6LOWPAN<br>IEEE 802.15.4 MAC |
| 1.Physical Layer | | IEEE 802.15.4 |

图3-1　6LoWPAN网络结构示意图

### 3.3.2　802.15.4的概念

IEEE 802.15是电气电子工程师学会IEEE 802标准委员会的一个工作组，负责制定无线个人局域网(WPAN)的协议标准。IEEE 802.15工作组根据数据传输速率、电池能耗等特点的不同，将 WPAN 分为不同的类型。蓝牙使用了 802.15.1，而 802.15.4 是属于传输速率最低、功耗最低的类型，6LoWPAN 选择了 802.15.4，这对应了 6LoPWAN 的低功率特征，也限定了 6LoPWAN 的应用场景是低速低功耗的物联网场景，一般都是电池供电。

### 3.3.3 WPAN 的概念

无线个域网简称为 WPAN(Wireless Personal Area Network)，是多个设备通过无线通信组成的简单局域网。这里涉及两个主题：无线通信频段、组网。

1. 无线通信频段

802.15.4 标准中规定了多种频段。868～868.6 MHz 频段是大多数欧洲国家的非授权频段，可以免费使用；902～928 MHz 频段是北美、澳大利亚、新西兰等国家/地区的非授权频段，可以免费使用；779～787 MHz 频段是我国的非授权频段，可以免费使用；2.4～2.483 5 GHz 频段是全球大多数国家的非授权频段，可以免费使用。

2. 组网

在 802.15.4 标准中，网络由多个符合标准的无线设备组成，其中个人局域网协调器用来建立新的网络，定义网络的拓扑结构、运行参数等，其他设备向个人局域网协调器申请加入网络。

### 3.3.4 6LoWPAN 的特点

1. 普及性

IP 网络应用广泛，作为下一代互联网核心技术的 IPv6，也在加速其普及的步伐，在低速无线个域网中使用 IPv6 更易于被接受。

2. 适用性

IP 网络协议栈架构受到广泛的认可，低速无线个域网完全可以基于此架构进行简单、有效的开发。

3. 更多地址空间

IPv6 应用于低速无线个域网时，最大亮点就是庞大的地址空间。这恰恰满足了部署大规模、高密度低速无线个域网设备的需要。

4. 支持无状态自动地址配置

IPv6 中当节点启动时，可以自动读取 MAC 地址，并根据相关规则配置好所需的 IPv6 地址。这个特性对传感器网络来说非常具有吸引力，因为在大多数情况下，不可能对传感器节点配置用户界面，节点必须具备自动配置功能。

5. 易接入

低速无线个域网使用 IPv6 技术，更易于接入其他基于 IP 技术的网络及下一代互联网，使其可以充分利用 IP 网络的技术来发展。

6. 易开发

目前基于 IPv6 的许多技术已比较成熟，并被广泛接受，针对低速无线个域网的特性对这些技术进行适当的精简和取舍,可以简化协议开发的过程。

### 3.3.5 6LoWPAN的应用

目前,物联网大多数协议支持IPv6时,都不约而同地选择了6LoWPAN。例如,ZigBee联盟在2013年发布了基于6LoWPAN的Zigbee IP规范,使得ZigBee也能支持IPv6。低功耗无线网状网络协议Thread也选择了基于6LoWPAN实现对IPv6的支持。同时,6LoWPAN技术得到学术界和产业界的广泛关注,如美国加州大学伯克利分校、瑞典计算机科学院以及思科等企业,并推出相应的产品。6LoWPAN协议已经在许多开源软件上实现,最著名的是Contiki、TinyOS分别实现了6LoWPAN的完整协议栈,并得到广泛测试和应用。

## 3.4 M2M技术

### 3.4.1 M2M的概念

M2M英文全称是machine-to-machine,中文译为机器对机器。M2M是一个广泛的标签,可用于描述任何使联网设备能够在没有人工协助的情况下交换信息并执行操作的技术。人工智能和机器学习促进了系统之间的通信,允许它们做出自己的自主选择。

其实,早在2002年时,M2M业务的概念已经被提出,但碍于通信技术尚未成熟,发展仍属于启蒙阶段。例如自来水、电力公司的自动抄表及数位家庭应用等。随着无线通信技术的快速发展,M2M的应用服务进入快速发展的阶段,在农业、工业、公共安全、城市管理、医疗、大众运输及环境监控领域都可看到M2M的应用,如智慧节能、智慧车载、智慧医疗、智慧城市、智慧物流等,这些服务及应用的整合,非常依赖M2M的技术开发。

### 3.4.2 M2M的工作原理

机器对机器技术的主要目的是利用传感器数据并将其传输到网络。与SCADA或其他远程监控工具不同,M2M系统通常使用公共网络和访问方法(例如蜂窝或以太网)来使其更具成本效益。

机器对机器的通信使物联网成为可能。据《福布斯》报道,M2M是目前市场上增长最快的连接设备技术类型之一,主要是因为M2M技术可以在单个网络中连接数百万台设备。连接设备的范围包括从自动售货机到医疗设备到车辆到建筑物的任何东西,几乎任何包含传感器或控制技术的东西都可以连接到某种无线网络。这听起来很复杂,但这个想法背后的驱动思想非常简单。从本质上讲,M2M网络与LAN或WAN网络非常相似,但专门用于允许机器、传感器和控件进行通信。这些设备将它们收集的信息反馈给网络中的其他设备。这个过程允许人(或智能控制单元)评估整个网络中发生的事情并向成员设备发出适当的指令。

M2M系统的主要组件包括传感器、RFID、Wi-Fi或蜂窝通信链路,以及编程为帮助网络设备解释数据和做出决策的自主计算软件。这些M2M应用程序转换数据,从而触发预先编程的自动化操作。

### 3.4.3 M2M 的应用

M2M 应用的行业非常广泛，其中包括电力管理、物流管理、交通管理、工业自动化、移动金融、智能家居、视频安防和远程医疗等。每个行业的应用都有各自的特点，其需求也是非常个性化的，因此对于运营商来说，如何处理好规模化和个性化之间的关系非常重要。目前，所有的 M2M 解决方案都具有行业终端、M2M 终端、无线传输网络、M2M 后台服务器以及应用模块五要素。

目前，M2M 产业链中的各个环节均发展迅猛。M2M 的末端设备正在不断增加，这些设备的数量将远远超过联网的人数和计算机数量。实现 M2M 连接的通信技术日趋成熟，Internet 正向 IPv6 过渡，移动通信网络也在向 4G 甚至 5G 过渡，无线连接的选择越来越多。此外，M2M 的硬件和软件平台也在得到丰富与完善。在硬件制造方面，M2M 硬件是使机器具有通信或联网能力的部件，可以从各种机器/设备那里获取数据，并传送到通信网络硬件厂商。目前推出的无线 M2M 硬件产品可以满足不同环境、不同应用的移动信息处理。在软件管理平台方面，M2M 管理软件是对末端设备和资产进行管理、控制的关键，其中包括 M2M 中间件(Middleware)和(嵌入式)M2M Edgeware(也可统称为软件通信网关)、实时数据库、M2M 集成平台或框架、通用的基础 M2M 应用构件库以及行业化的应用套件等。

M2M 技术的应用几乎涵盖了各行各业，通过“让机器开口说话”使机器设备不再成为信息孤岛，实现了对设备和资产的有效监控与管理：通过优化成本配置和改善服务，可推动社会向更加高效、安全、节能和环保的方向发展。

## 3.5 Li-Fi 技术

### 3.5.1 Li-Fi 技术的概念

Li-Fi(Light Fidelity)是相当于 Wi-Fi 的可见光无线通信(VLC)技术，能利用发光二极管(LED)灯泡的光波传输数据，可同时提供照明与无线联网，且不会产生电磁干扰，有助于解决现今网络流量暴增的问题，因而发展前景备受看好。

Li-Fi 概念首先是由英国爱丁堡大学教授哈罗德·哈斯在 2011 年提出的，它以各种可见光源作为信号发射源，通过控制器控制灯光的通断，从而控制光源和终端接收器之间的通信。它与当前最常用的 Wi-Fi 技术相比，具有高速率、宽频谱的优势。其运作原理与摩斯密码大致相同，通过可见光(VLC)及利用二进制代码方式传送数据，由于传递速度十分快，因此肉眼难以察觉。

目前的 Li-Fi 的光源多采用白灯 LED 光源，通过调节 LED 光输出的数据进行编码，利用快速的光脉冲通过无线方式传输信息。和 Wi-Fi 相比，Li-Fi 的传输距离未得到保障，由于波粒二象性导致稍微阻挡，会使信号发生衰减，而 Wi-Fi 的信号传输距离有限。另外，Li-Fi的反向通信有局限性，如何将终端的信号反射至 LED 灯尚未得到解决，而 Wi-Fi 的反向通信是无障碍的。

Li-Fi 的工作原理并不复杂:给普通的 LED 灯泡装上微芯片,可以控制它每秒数百万次闪烁,亮了表示 1,灭了代表 0。由于频率太快,人眼根本觉察不到,但是光敏传感器却可以接收到这些变化。就这样,二进制的数据被快速编码成灯光信号并进行了有效的传输。灯光下的电脑或手机,通过一套特制的接收装置读懂灯光里的"莫尔斯密码",就能通信了。

### 3.5.2　Li-Fi 技术的优缺点

Li-Fi 的优点主要体现在以下几个方面:

(1)高容量。通信数据率=频谱带宽×频谱效率,提升频谱效率是一件非常困难的事情,因此从 2G 到 4G,甚至 5G,提升带宽变成了增大数据率的主要途径。

(2)高效率。Li-Fi 技术的载体 LED 灯既实现了照明,又实现了上网通信,同时还可以实现对家用电器以及安全防范设备等控制终端的智能控制。照明、智能通信、智能控制三者有机融合,能为人类提供更加节能降耗、绿色环保的生活方式。可见光通信高效率的另外一个体现是高度空间复用。光信号的路径损耗大,因此每一个 LED 灯照射范围有限,通常我们会在一个房间内布置多个 LED 灯。通过合适的距离控制,在一个房间里的 LED 灯可以做到相互不干扰。这样他们的通信频谱资源就可以重复利用。

(3)安全性高。Li-Fi 技术依赖于光线进行信号传递。而一个房间的光线是无法穿透墙壁被其他人窃听的。因此 Li-Fi 还适合安全领域应用,只要有可见光不能透过的障碍物阻挡,半导体照明信息网内的信息就不会外泄。

Li-Fi 技术的研究瓶颈体现在以下两个方面:

(1)Li-Fi 需要有非常高的数据率才有可能比其他产品更具竞争性。从目前看,Li-Fi 的调制带宽局限在灯上,普通商用的 LED 灯可调制度带宽太小了,所以需要研发高带宽的 uLED 灯才能达到单灯 3.5 Gb/s 的传输速率。不过要达到这个照明和实用效果,需要把许多 uLED 紧密地排列起来,增加发射功率。但是 uLED 的散热问题无法解决。所以目前来看,用传统商业的灯,传输速率还需要进一步去突破。

(2)缺乏杀手级应用。虽然 Li-Fi 在应用层面上的研发是工业界需要做的事,但是它的大方向在实验室,而当下所有的研究都存在一个问题,就是不具有对其他技术产生压倒性的优势,基本上没有哪个应用是非 Li-Fi 不可。如果没有杀手级应用,很多技术都难以扩张。所以现在如果没有富有想象力的新应用出现,可能可见光通信就会沦为很小众的技术,甚至变成一个鸡肋技术。

### 3.5.3　Li-Fi 技术的应用

1. 智能交通

晚上没有白天自然光的干扰,所以 Li-Fi 的运行效果更好。以路灯为基站,建设光通信网络,可以在交通领域发挥积极的作用。光可以作为接收机接收光信号,通过解码芯片和显示芯片将光信号恢复为数据信息并显示在显示画面上。用户可以通过该网络查询交通状况,合理选择交通路线,缓解交通拥堵状况。在交通安全方面的应用中,当前行车检测到后续车辆的跟踪距离小于 5 m 时,可以通过尾灯发出提醒保持车间距离的信号,使后续车辆的前照灯接收信号后进行减速。车速过快,Li-Fi 接收设备的数据解码超过各路段的限速要求时，路灯会向该车发出减速信号，提示车主减速。对各 LED 照明灯调制路标信息，对于不知道路线的车主，可以通过灯的受光器接收路标信息，从而完成引导航功能。

2. 智能家居

用户通过自主设计的手机 App 控制手机闪光灯，发出调制的光信号控制开门，可替代传统的钥匙，免去带钥匙的烦琐和丢钥匙的风险。将家里天花板上的照明灯改装成可 180°视角发射光信号的 Li-Fi 热点，设置一个多功能开关用于控制该光源。在各电器上安装Li-Fi 接收设备，通过多功能开关可控制各电器的通断和运行。

3. 智能定位

由于目前的通信网络采用电磁波传输信号，在一些电磁波无法传播的场所如矿井中无法实现通信，当发生矿难时，矿井中的矿工因无法与外界通信而失去联系，加大了营救难度和伤亡程度。Li-Fi 技术能有效监测和定位矿工的位置。对每位矿工头盔上配置的 LED 照明灯调制一个独一无二的代码，作为身份标识。通过隧道照明灯搭建的网络，可将身份信息传至井外，实现与外界的通信。

通过以上分析可见，Li-Fi 相较于 Wi-Fi 有着绝对优势，可运用到 Wi-Fi 无法触及的特殊场所和行业，在互联网＋时代有着深远的发展前景，它将为人类创造一个更加便捷、安全、节能的网络世界。

## 3.6 5G 技术

### 3.6.1 5G 的概念

5G(5th generation mobile networks)是第五代移动通信技术的简称，是继 4G、3G 和 2G 系统之后的延伸。从 1G 到 4G，每一代移动通信的变革都给我们带来了全新的体验。简单说，1G 是话音服务，2G 是“txt”也即短消息，3G 是“jpg”也即图片等多媒体服务，4G 则是“avi/mp4”等各种视频类服务。5G 的目标是高数据速率、低延迟、节省能源、降低成本、提高系统容量和大规模设备连接。5G 通信技术是基于 4G 通信技术的第五代通信技术。作为一种新的通信技术，5G 相比上一代通信技术具有更大的优势。首先，5G 通信技术更加稳定，数据速率和系统容量都得到了显著提升。其次，5G 技术可以极大地降低成本，提高相应控制性能。利用 5G 技术，中国的工业、医疗、交通和游戏等行业将得到更快的发展。此外，5G 通信技术可以充分利用物联网的优势，实现物联网设备和网络的连接，从而实现物联网技术的快速发展。

### 3.6.2 5G 的特点

5G 与 4G 相比，具有更高网速、低延时高可靠、低功率海量连接的特点。在超高速率方面，5G 速率最高可以达到 4G 的 100 倍，实现 10 Gb/s 的峰值速率，能够用手机很流畅地看 4K、8K 高清视频，极速畅玩 360°全景 VR 游戏，等等。在超低时延方面，5G 的空口时延可以低到 1 ms，仅相当于 4G 的 10%，远高于人体的应激反应，可以广泛地应用于自动控制领域。在超大连接方面，5G 每平方公里可以有 100 万的连接数，与 4G 相比用户容量可以大大增加，除了手机终端的连接之外，还可以广泛地应用于物联网。

1. 高速

5G 网络的数据传输速度远高于以前的蜂窝网络，最高可达 10 Gb/s，比以前的 4G LTE 蜂窝网络快 100 倍。5G 的超大带宽传输能力，即使看 4K HD 视频、360°全景视频、VR 虚拟现实体验也不会出现卡顿。

2. 低延迟

5G 的新场景是无人驾驶、工业自动化的高可靠连接。人与人之间进行信息交流，可以接受 140 ms 的延迟，但是如果这个延迟被用于无人驾驶、工业自动化，就很难满足要求，5G 对延迟的最低要求是 1 ms，甚至更低。

3. 万物互联

物联网将是 5G 发展的主要动力，业内认为 5G 是为万物互联设计的。从需求水平来看，首先，物联网满足物品识别和信息阅读的需求；其次，通过互联网传输和共享这些信息；然后随着数量的增加和水平的提升，对互联网物体进行系统管理和信息数据分析；最后，改变企业的商业模式和人们的生活模式。

4. 泛在网

随着业务的发展，网络业务无处不在，存在广泛。只有这样才能支持更丰富的业务，才能在复杂的场景中使用。广泛的网络在广泛的垄断和深度层面提供影响力。在一定程度上，网络比高速度更重要，只建设少数地方垄断、高速度的网络，不能保证 5G 的服务和体验，网络是 5G 体验的基本保证。

### 3.6.3　5G 的应用领域

2019 年 6 月 6 日，工信部正式向中国电信、中国移动、中国联通、中国广电发放了 5G 商用牌照。未来，5G 将深刻地影响娱乐、制造、汽车、能源、医疗、交通、教育、养老等各个行业。3D 电影、自动驾驶、无人机物流、智能电网、智能工厂、虚拟现实、智慧家居等场景都能应用 5G 实现革命性的发展。在物联网形势下的 5G 通信技术应用主要包括以下五点。

1. 5G 智能应用

在物联网发展的背景下，利用 5G 通信技术可以更有效地满足物联网的发展需要，提供可靠的智能操作标准。今天，经济正在加速发展，生产方式对科学技术提出了更高的要求。因此，我们必须致力于提高生产力。随着生产和生活变得更加智能化，对网络的要求不断增加，使用通信技术将有助于迅速有效地传播网络，并有助于发展和改变社会经济。在 5G 时代，网络的运行需要不断优化和丰富。设计人员需要从多个角度进行分析，以确保 5G 技术的顺利发展，并通过流程激励来提高 5G 技术的服务水平。

2. 虚拟网络技术应用

无论是通过软件定义 5G 通信网络，还是直接定义虚拟网络功能，都是 5G 通信技术的基础技术。虚拟网络技术针对网络管理和管理层进行了优化，以提高安全性和控制能力，当前自动化技术的使用取决于对虚拟网络技术的支持。同时，软件编程能够有效地调整自动化系统的功能，降低部分开发成本，提高因特网自动控制系统的效率和准确性。虚拟网络技术的真正价值在于在网络上创建管理模式。这些构成一个良好的体系结构，可以适应通信系统和网络。与互联网有关的行业多种多样，不同行业的设备对通信系统和网络的需求差别很大。使用虚拟网络技术进行脱机配置可以提供实用的附加价值。实施智能自动对象Internet控制大大提高了数据与设备交互的效率、数据传输和控制命令执行的准确性以及智能自动化系统的安全性。

3. 直接通信技术的应用

随着通信网络的飞速发展，现有的移动通信技术已经不能满足网络的需求，实际上越来越没有用处。此外，在网络信号传输过程中，网络信号主要通过基站进行发送，因此，接收网络信号首先需要建立基站，信息不能在基站覆盖范围之外传输，这在一定程度上阻碍了网络的发展和传播，用户经常报告手机信号弱或无信号等问题，这使得用户与外界的通信变得困难，从而影响到正常的生产生活。应用5G技术可以有效地解决这个问题。5G通信技术利用服务器和设备提供通信和信息传输，因此即使在没有基站的地区，也能有效地改变过去基站的信号弱的情况，从而提供网络连接。此外，5G通信技术不仅优化了网络通信，而且大大提高了信息传输速度，使网络用户能够享受到更丰富、更优质的通信体验。例如，5G技术可用于自动驾驶，极大地改变了人们早期的生活方式。特别是，采用直接通信技术可以提高网络的稳定性，从而防止在运行大量数据时出现信号波动。事实上，技术可以促进高质量、高效率的网络企业的发展。

4. 密集网络技术应用

随着科技信息的不断发展和社会的进步，现代人的生活和工作需要对物联网提出更高的要求。近年来，许多用户对物联网相关的应用程序的反应表明，在现阶段，移动通信无法满足所有用户的特定要求，这可能是网络故障和网络运行不稳定所导致的。由于数据量大，用户在网络应用程序中面临网络传输中断的风险。中断后，用户无法使用网络，这在很大程度上影响了他们的体验。随着5G通信技术的到来，传输速率和网络质量发生了质的变化。此外，还提高了网络信号的稳定性，数据流也大大增加。这在一定程度上促进了5G通信技术的发展，为人们提供了优质的服务。无线硬件、物联网技术和5G通信技术相结合，要求更大的数据量，充分反映了密集网络技术的特点。

5. 高频段传输技术的应用

5G通信技术的出现在很大程度上促进了物联网的发展，特别是在物联网范围内使用高频数据通信技术。目前，随着物联网产业的迅速发展，物联网技术广泛应用于多个部门和领域。应用物联网技术需要信息传输和支持网络能力，过去使用的移动通信技术只能满足物联网网络的简单需要。但是，如果组织了大量的互联网活动，现有的移动通信技术就不能满足活动应用程序的要求，系统就会由于大量网络流量的影响而在短时间内出现崩溃的情况。高频传输技术的宽带传输速度可达微波带宽的10倍以上。换句话说，微波看起来非常相似，但每一个微波都有不同的射频，有时甚至完全不同，毫米波频率通常保持在30～300 GHz之间，具有独特的型号和较小的尺寸。因此，在此基础上开发的设备也可偏向体积小、能耗低以及小型化的趋势。毫米波可实现近距离的高速通信，并促进5G技术与物体互联网的集成,保持网络的高质量发展。通过宽带数据通信技术,网络活动可显著提高信息传输的效率和速度。毫米波不仅提高了频率带宽,而且提高了网络的稳定性、可靠性以及高速传输效果和抗干扰性。

## 3.7 空间物联网

### 3.7.1 空间物联网的产生

当今的物联网设备主要采用蜂窝网络。虽然相比十年前,如今蜂窝网络基础设施的可用性要广泛得多,但仍然面临着地面网络的限制。据各种估计,地面网络在地球表面的覆盖率仅为15%,仅占地球总陆地面积的50%。为了实现物联网愿景,我们需要突破地面网络的限制,于是卫星物联网应运而生,其也被称为空间物联网。

### 3.7.2 空间物联网的应用

目前卫星定位、导航、短报文在船联网方面的应用已经先行一步。在内河航运服务支持、船联网智能管理、船联网硬件终端及嵌入式系统的应用中,安全监控与应急救助等方面走向实用化。

在基于北斗地基增强的物联网应用方面,四川成都的一套基于北斗的物联网的地震灾情速报系统得到实施应用。该系统可以在地震发生后快速报告地震的强烈度及分布情况。依靠北斗地基增强物联网,救助人员可以在震区快速地实施救助工作。

当互联网部署在太空时,卫星承载物联网可能会成为承载方式的另一选择。毕竟其优势很明显,在能够定位的地方实现上行/下行通信,就能够接入物联网,同时位置感测相当精确。基于位置的物联网服务发现本身有其天然优势。总的来说,卫星物联网是一种物联网网络层承载方式,需要能够中转数据的网关,把感知层获取的数据接入网络层。至于卫星信号差的室内或某些场合,可以与无线网络融合互补。

农业监测、智能电网、石油和天然气、管道监测、资产跟踪、流量管理、零售行业等都可以从卫星物联网服务中受益。随着低成本、低功耗的基于卫星的全球连接变得普及,全球的互联传感器总数将加速增长,基于卫星的物联网可以高效连接每个网络单元中的海量设备。基于5G架构的下一代卫星网络将进一步推动卫星行业发展,并将未来的一些5G蜂窝网络带入太空。

## 3.8 无线传感器网络

### 3.8.1 无线传感器网络的定义

无线传感器网络(Wireless Sensor Networks, WSN)是一种分布式传感网络,它的末梢是可以感知和检查外部世界的传感器。WSN中的传感器通过无线方式通信,因此网络设置灵活,设备位置可以随时更改,还可以跟互联网进行有线或无线方式的连接。WSN是通过无线通信方式形成的一个多跳自组织网络。

### 3.8.2 无线传感器网络结构

无线传感器网络在结构上一般可分为传感器节点(sensor node)、汇聚节点(sink node)和管理节点。大量传感器节点随机部署在监测区域内部或附近,能够通过自组织方式构成网络。传感器节点检测的数据沿着其他传感器节点逐条地进行传输,在传输过程中检测数据可能被多个节点处理,经过多跳后路由到汇聚节点,最后通过互联网或卫星到达管理节点。用户通过管理节点对传感器网络进行配置和管理,发布监测数据。

1. 传感器节点

其处理能力、存储能力和通信能力较弱,通过小容量电池供电。从网络功能上看,每个传感器节点除了进行本地信息收集和数据处理外,还要对其他节点转发来的数据进行存储、管理和融合,并与其他节点协作完成一些特定任务。

2. 汇聚节点

汇聚节点的处理能力、存储能力和通信能力相对较强,它是连接传感器网络与 Internet 外部网络的网关,实现两种协议间的转换,同时向传感器节点发布来自管理节点的监测任务,并把 WSN 收集到的数据转发到外部网络上。

3. 管理节点

管理节点用于动态地管理整个无线传感器网络。传感器网络的所有者通过管理节点访问无线传感器网络的资源。

### 3.8.3 无线传感器网络的特点

1. 大规模

为了获取精确信息,在监测区域通常部署大量传感器节点,可能达到成千上万,甚至更多。传感器网络的大规模性包括两方面的含义:一方面是传感器节点分布在很大的地理区域内,如在原始森林中采用传感器网络进行森林防火和环境监测,需要部署大量的传感器节点;另一方面,传感器节点部署很密集,在很小的空间内,密集部署了大量的传感器节点。

传感器网络的大规模性具有如下优点:通过不同空间视角获得的信息具有更大的信噪比;通过分布式处理大量的采集信息能够提高监测的精确度,降低对单个节点传感器的精度要求;大量冗余节点的存在,使得系统具有很强的容错性能;大量节点能够增大覆盖的监测区域,减少洞穴或者盲区。

2. 自组织

在传感器网络应用中,通常情况下传感器节点被放置在没有基础结构的地方,传感器节点的位置不能预先精确设定,节点之间的相互邻居关系预先也不知道,如通过飞机播撒大量传感器节点到面积广阔的原始森林中,或随意放置到人不可到达或危险的区域。这样就要求传感器节点具有自组织的能力,能够自动进行配置和管理,通过拓扑控制机制和网络协议自动形成转发监测数据的多跳无线网络系统。

在传感器网络使用过程中，部分传感器节点由于能量耗尽或环境因素造成失效，也有一些节点为了弥补失效节点、增加监测精度而被补充到网络中，这样在传感器网络中的节点个数就动态地增加或减少，从而使网络的拓扑结构随之动态地变化。传感器网络的自组织性要能够适应这种网络拓扑结构的动态变化。

3. 动态性

网络的拓扑结构可能因为下列因素而改变：

(1)环境因素或电能耗尽造成的传感器节点故障或失效。

(2)环境条件变化可能造成无线通信链路带宽变化，甚至时断时通。

(3)传感器网络的传感器、感知对象和观察者这三要素都可能具有移动性。

(4)新节点的加入。这要求传感器网络系统要能够适应这种变化，具有动态的系统可重构性。

4. 可靠性

WSN特别适合部署在恶劣环境或人类不宜到达的区域，节点可能工作在露天环境中，遭受日晒、风吹、雨淋，甚至遭到人或动物的破坏。传感器节点往往采用随机部署，如通过飞机撒播或发射炮弹到指定区域进行部署。这些都要求传感器节点非常坚固，不易损坏，适应各种恶劣环境条件。

由于监测区域环境的限制以及传感器节点数目巨大，不可能人工"照顾"每个传感器节点，网络的维护十分困难甚至不可维护。传感器网络的通信保密性和安全性也十分重要，要防止监测数据被盗取和获取伪造的监测信息。因此，传感器网络的软硬件必须具有鲁棒性和容错性。

5. 以数据为中心

互联网是先有计算机终端系统，然后再互联成为网络，终端系统可以脱离网络独立存在。在互联网中，网络设备用网络中唯一的IP地址标识，资源定位和信息传输依赖于终端、路由器、服务器等网络设备的IP地址。如果想访问互联网中的资源，首先要知道存放资源的服务器IP地址，可以说现有的互联网是一个以地址为中心的网络。

传感器网络是任务型的网络，脱离传感器网络谈论传感器节点没有任何意义。传感器网络中的节点采用节点编号标识，节点编号是否需要全网唯一取决于网络通信协议的设计。由于传感器节点随机部署，构成的传感器网络与节点编号之间的关系是完全动态的，表现为节点编号与节点位置没有必然联系。用户使用传感器网络查询事件时，直接将所关心的事件通告给网络，而不是通告给某个确定编号的节点。网络在获得指定事件的信息后汇报给用户。这种以数据本身作为查询或传输线索的思想更接近于自然语言交流的习惯。所以通常说传感器网络是一个以数据为中心的网络。

### 3.8.4 无线传感器网络的应用

无线传感器是一种常用的传感器产品类型，能够广泛应用于环境监测和预报、健康护理、智能家居、建筑物状态监控、复杂机械监控、城市交通、空间探索等领域中。

1.在生态环境监测和预报中的应用

在环境监测和预报方面，无线传感器网络可用于监视农作物灌溉情况、土壤空气情况、家畜和家禽的环境和迁移状况、无线土壤生态学、大面积的地表监测等，可用于行星探测、气象和地理研究、洪水监测等。

基于无线传感器网络，可以通过数种传感器来监测降雨量、河水水位和土壤水分，并依此预测山洪暴发情况；还能描述生态多样性，从而进行动物栖息地生态监测；还可以通过跟踪鸟类、小型动物和昆虫进行种群复杂度的研究等。

2.在交通管理中的应用

在交通管理中利用安装在道路两侧的无线传感网络系统，可以实时监测路面状况、积水状况以及公路的噪声、粉尘、气体等参数，达到道路保护、环境保护和行人健康保护的目的。

3.在医疗系统和健康护理中的应用

近年来，无线传感器网络在医疗系统和健康护理方面已有很多应用。例如，监测人体的各种生理数据，跟踪和监控医院中医生和患者的行动，以及医院的药物管理等。如果在住院病人身上安装特殊用途的传感器结点，例如心率和血压监测设备，医生就可以随时了解被监护病人的病情，在发现异常情况时能够迅速抢救。罗切斯特大学的一项研究表明，这些计算机甚至可以用于医疗研究。科学家使用无线传感器创建了一个“智能医疗之家”，即一个五间房的公寓住宅，在这里可以利用人类研究项目来测试概念和原型产品。“智能医疗之家”使用微尘来测量居住者的重要征兆(血压、脉搏和呼吸)、睡觉姿势以及每天 24 小时的活动状况。所搜集的数据将被用于开展以后的医疗研究。通过在鞋、家具和家用电器等设备中嵌入网络传感器，可以帮助老年人、重病患者以及残疾人的家庭生活。

利用传感器网络可高效传递必要的信息从而方便接受护理，而且可以减轻护理人员的负担，提高护理质量。利用传感器网络长时间收集的人的生理数据，可以加快研制新药品的过程，而安装在被监测对象身上的微型传感器也不会给人的正常生活带来太多的不便。此外，在药物管理等诸多方面，它也有新颖而独特的应用。

4.在信息家电设备中的应用

利用远程监控系统可实现对家电的远程遥控，也可以通过图像传感设备随时监控家庭安全情况。利用传感器网络可以建立智能幼儿园，监测儿童的早期教育环境，以及跟踪儿童的活动轨迹。

无线传感器网络使住户不但可以在任何可以上网的地方通过浏览器监控家中的水表、电表、煤气表、电器热水器、空调、电饭煲等，而且可通过浏览器设置命令，对家电设备远程控制。

5.在农业领域的应用

农业是无线传感器网络使用的另一个重要领域。为了研究这种可能性，英特尔率先在俄勒冈州建立了第一个无线葡萄园。传感器被分布在葡萄园的每个角落，每隔一分钟检测一次土壤温度，以确保葡萄健康生长，进而获得大丰收。以后，研究人员将实施一种系统，用于监视每一传感器区域的温度，或该地区有害物的数量。他们甚至计划在家畜上使用传感器，以便可以在巡逻时搜集必要信息。这些信息将有助于开展有效的灌溉和喷洒农药，进而降低成本和确保农场获得高效益。

6. 在建筑物状态监控中的应用

建筑物状态监控是指利用传感器网络来监控建筑物的安全状态。由于建筑物不断被修补，可能会存在一些安全隐患。虽然地壳偶尔的小震动可能不会带来看得见的损坏，但是也许会在支柱上产生潜在的裂缝，这个裂缝可能会在下一次地震中导致建筑物倒塌。用传统方法检查往往需要将大楼关闭数月，而安装传感器网络的智能建筑可以告诉管理部门它们的状态信息，并自动按照优先级进行一系列自我修复工作。

7. 在特殊环境中的应用

无线传感器网络是当前信息领域中研究的热点之一，可用于特殊环境实现信号的采集、处理和发送；无线温湿度传感器网络以 PIC 单片机为核心，利用集成湿度传感器和数字温度传感器设计出温湿度传感器网络节点的硬件电路，并通过无线收发模块与控制中心通信，使之系统传感器节点的功耗低、数据通信可靠、稳定性好、通信效率高，可广泛应用于环境检测。

## 3.9　小　　结

通信是物联网的关键功能，没有通信物联网感知的大量信息就无法进行有效的交换和共享，从而也不能利用基于这些物理世界的数据产生丰富的多层次的物联网应用。没有通信的保障，物联网设备无法接入虚拟数字世界，数字世界与物理世界的融合也无从谈起。物联网通信构成了物物互连的基础，是物联网从专业领域的应用系统发展成为大规模泛在信息化网络的关键。

由于物联网对通信的强烈需求，物联网通信包含了几乎现有的所有通信技术，包括有线和无线通信。然而考虑到物联网的泛在化特征，要求物联网设备的广泛互连和接入，最能体现该特征的是无线通信技术。正是无线通信技术的发展，使得大量的物和与物相关的电子设备能够接入到数字世界，而且能够适应现实世界的运动性。

# 第 4 章　物联网管理服务技术

**本章目标**

(1)掌握物联网管理服务技术。
(2)了解物联网中间件、网格概念和特点。
(3)了解物云计算、雾计算、区块链等新技术的概念、特点和应用。

## 4.1　物联网中间件

### 4.1.1　物联网中间件的概念

互联网的大规模普及,拉近了人与人之间的距离,使不同国家人与人之间的交往也变得密切起来。由于彼此使用的语言不同,我们需要将不同类型的交流语言转换成对方可识别的信息,这就是翻译存在的理由。同样,随着物联网技术在生活和行业中的大规模应用,物与物之间的相互通信与协同工作也变得密切起来。物联网也需要这样的翻译,以消除千千万万不能互通的产品之间的沟通障碍,实现跨系统的交流。这个翻译,我们称之为物联网中间件。物联网典型的中间件有 RFID 中间件、传感网中间件,还有其他嵌入式中间件、M2M 中间件等。

物联网中间件是介于操作系统和各种分布式应用程序之间的一个软件层。中间件技术给用户提供了一个统一的运行平台和友好的开发环境。同时,它也是帮助用户减小高层应用需求与网络复杂性差异的有效解决方案,对加快物联网大规模化发展具有重要作用。

### 4.1.2　物联网对中间件的需求

1. 工业中实现智能化需要中间件

传统的工厂实现智能化升级的第一步便是设备的联网。但是,由于电子制造或者其他车间机器设备品牌和种类繁多,对设备的检测过程比较烦琐。怎样让企业用最低的成本,通过最有效的方式获取不同品牌,支持不同通信协议设备的生产状态信息,并对该信息进行传输、存储和分析,从而实现对设备的远程监测控制呢？通常,首先通过数据采集模块对工厂里纷繁复杂的设备信息进行采集；然后，将采集而来的信息通过中间协议转换平台转换成统一可识别的通信协议；最后，将经过转换后的相互可识别的数据信息再传送至后台服务器进行统一存储、分析与管理。这样，即便不同的设备来自不同的厂家、具有不同的型号、设备新旧程度不同、支持不同的通信协议，也可以相互通信。

2. 智能家居不同产品之间互联互通需要中间件

对于智能家居而言，不同产品之间的交互同样是个大问题。整个智能家居系统中包含电灯、冰箱、洗衣机、电饭煲、热水器、电视、洗衣机、窗帘等终端产品，不同厂家的产品可能支持不同的通信协议，有的支持 ZigBee，有的支持 Wi-Fi，还有的支持蓝牙，这样产品之间就没有办法互联互通。那么智能家居又是如何统一这种混乱的局面并进行统一管理的呢？在通信协议标准尚不统一的情况下，通过智能家居网关中间件可解决各类产品的通信障碍，实现智能家居行业互联互通。同样，在物联网其他应用中，中间件对目前的物联网生态来说，是不可或缺的一个平台。

### 4.1.3　物联网中间件的特点

(1)满足大量应用的需要；
(2)运行于多种硬件和操作系统平台；
(3)支持分布计算，提供跨网络、硬件和操作系统平台的透明应用和服务交互；
(4)支持标准的接口；
(5)支持标准的协议。

### 4.1.4　中间件在物联网方案中的作用

1. 屏蔽异构性

异构性表现在计算机软硬件之间的异构，包括硬件、操作系统、数据库等。造成异构的原因多为市场竞争、技术升级以及保护投资等因素。

2. 实现互操作

在物联网中，同一个信息采集设备所采集的信息可能要提供给多个应用系统，不同的应用系统之间的数据也需要相互共享和互通。

3. 数据的预处理

物联网的感知层将采集海量的信息，如果把这些信息直接输送给应用系统，那么应用系统将不堪重负。应用系统想要得到的并不是原始数据，而是综合性信息。

## 4.2　物联网网格

中国工程院邬贺铨院士指出：“传感器是多种多样的，有物理的传感器、化学的传感器、生物的传感器，甚至同一物理传感器也多种多样，不可能有一种通用的传感器适用于所有领域。”可见，“碎片化”是物联网的“天性”。但是，物联网“碎片化”已成为连接生活的阻碍。因此，需要引入物联网网格，使物联网的发展规范化、格式化、积木化、易扩展，尽量避免碎片化。

### 4.2.1 物联网网格的概念

通常,物联网网格会把网络上的全部设备在下行分支(有时称为节点)上连接到一起,从而实现在边缘设备或端点与云或服务器处理器之间形成更有效的路由数据,这样的连接方式可以保证连接和数据传输的一致性和可靠性。物联网网格一般是对物体与物联网之间的关系的描述,网格中通常会有物体、服务、关系集等要素。物体在网格中独立存在,多个物体之间就形成了关系集合,服务为物体的关系提供必要的通道和保障。利用物联网网格中心可以实现物体空间的有效规范、管理和使用,可以为内部网格提供相应的服务和外部接口。

### 4.2.2 物联网网格的特点

物联网网格是本地化了的基于服务和管理的智能集合,但并不只局限于地理上的本地化,可以是基于一个事件需求所形成的短期临时性结构,也可以是行业发展而形成的长期联盟。物联网网格之于物联网,好比局域网之于广域网。其通常有以下几个特点。

1. 异构性

物联网网格的异构性一般是由于物体的多样性造成的。物联网网格的异构性意味着不同的网格通常具有不同的架构,在同一个网格也会出现不同的关系集和服务。例如,物联网家居网格主要是对家居产品进行智能连接、智能控制和管理,但面对不同类型的家居产品也会出现不同的关系集,在家居网格中的关系集主要有家庭安全防护关系集、家电智能管理关系集、环境控制关系集等。因此需要更加准确地建立物联网网格,对不同类型的网格内部的各个要素综合设计,根据其网格结构、网格特性和服务进行统筹规划。在这些网格中,也需要对网格之间的异构特性进行综合考虑,包括不同网格之间的兼容性、拓展性等。

2. 有限性

物联网网格的有限性体现在将网格中所有的物体全部纳入网格要素中,不论物体的数量、类型有多少,只要在网格内,那么这些物体都会成为网格中有限数量的关键要素,这就是一种将无限化有限的思想,如此才能进一步对物联网网格要素特性进一步研究。在物联网网格中,不考虑物体的无限变化,只对物体的有限变化进行考虑,例如物体的数量、类型和物体之间的关系。因此,需要研究在网格中采用什么样的方法和思路去处理网格中的物体、服务、关系要素,并对不同网格之间的交互、通信进行研究。

3. 透明性

物联网网格的透明性指的是不关心网格内物体的具体构造,只关注怎样获得服务。例如,在物联网家居网格中,用户不需要对家电的构造和组成进行研究,只需要正确操作使用家电即可,用户只要学习说明书中的操作规则,就可以依照规则获取服务。同样,当“物”在家居网格中心注册时,也需要将其结构、内容、服务提供方式,用通用的定义规范“告诉”网格中心。这种定义相当复杂,既要考虑具备不同智能层次的物体,又要考虑同一类物体的个体化差异,还要考虑一个物体能够提供的不同种类的服务。当然,网格中物和物的透明互访能力,以及网格对外部环境能够提供的服务也在进一步考虑之列。

4. 层次性

物联网网格一般具有层次性，根据网格种类的不同，物体的层次也划分得更加详细。物体本身的特性和物体之间的关系也会因为自身的特点有所不同，同时会受到实际环境的影响。

5. 智能性

物联网网格的智能性主要体现在网格服务和物体可以在网格中根据相应的关系集进行匹配、升级、更新，体现出物联网网格的自我调节能力。

6. 开放性

物联网网格具有开放的架构，具有对内提供服务和对外提供兼容、拓展的接口、协议等功能，具备一定的通用性、互访性。

下面以物联网家居网格为例进行说明。

如果用户购买了一台智能电视机，用户使用这台电视机时，设备就会利用网络向物联网家居网格中心发出加入该网格的申请，网格中心收到这台电视机设备的相关信息，例如这台电视机的型号、尺寸、使用位置、功能等。电视机就是这个物联网家居网格中的一个物体，用户根据电视画面和说明书就能了解这台电视机能够提供的服务，用户可以利用电视遥控器收看自己感兴趣的节目，除了通过遥控器选择外，智能手机、便携式计算机等设备也能通过网络加入这一网格中，享受网格提供的服务，主要原因是这些设备作为网格中的物体，在享受服务之前就会向物联网家居网格中心发出加入申请，网格中心能够掌握这些物体的基本属性，网格中心能够协调和管理网格中的所有物体、服务。用户只需要登录账号即可对网格中心下达指令，实现对网格中的设备控制和管理。

## 4.3　“云”里“雾”里计算模式

物联网在飞速发展的同时，产生了大量数据。面对大量数据处理压力，各种“计算”层出不穷，云计算、雾计算等名词纷纷涌现，那么这些计算方式有何区别？应用于哪些场景？在不同场景或同一场景的不同情况下又如何选择计算方式？今天我们就来回答这个问题。

### 4.3.1　云计算

云计算(Cloud Computing)是一种利用互联网实现随时随地、按需、便捷地使用共享计算设施、存储设备、应用程序等资源的计算模式。如今越来越多的应用正在迁移到云上，如我们生活中接触的各种“云盘”存储等。将应用部署到云端后，可以不必再关注那些令人头疼的硬件和软件问题。云计算，就像天空上的云一样，不论你身处何方，只要抬头，就能看见。

随着物联网技术的发展及无人驾驶、各种智能应用设备的出现，对数据处理的延迟、速率、安全性的要求越来越高，云计算需要处理的数据量越来越大，网络带宽压力、数据中心的负担越来越重。这时候它需要一个助手来分担它的压力，所以雾计算出现了。

### 4.3.2 雾计算

1.雾计算的起源

雾计算(Fog Computing)是当前国际上物联网领域最新的概念和技术,由思科公司在2011年正式提出,思科将雾计算描述为迁移云计算中心任务到网络边缘设备执行的一种高度虚拟化的计算平台。云计算架构将计算从用户侧集中到数据中心,让计算远离了数据源,也会带来计算延迟、拥塞、低可靠性和安全攻击等问题,于是在云计算发展了大约10年的2015年,修补云计算架构的"大补丁"——雾计算开始兴起了。

2015年11月,思科、ARM、戴尔等公司成立了开放雾联盟(OpenFog Consortium),主要目的是推广和加快开放雾计算的普及,促进物联网发展。

2018年8月,IEEE公布了"IEEE 1934"标准,该网络架构标准可作为通用技术框架来支撑IoT、工业物联网(IIOT)、5G和AI应用的数据密集型需求。

雾计算是一种分布式计算范式,它使计算资源更接近网络边缘,减少延迟并提高物联网设备的性能。在传统的云计算中,数据由设备生成并传输到远程数据中心或云进行处理和存储。然而,由于设备和云之间的距离,这种方法可能会导致延迟,而且物联网设备生成的大量数据也会导致网络带宽紧张。

雾计算通过将云功能扩展到网络边缘来解决这些挑战,在网络边缘,数据可以在更接近源头的地方被处理和分析。这是通过部署雾节点实现的,雾节点本质上是小型数据中心,可以位于网络边缘或设备内部。这些雾节点可以执行数据处理、存储和分析,以及处理网络管理和安全功能。

2.雾计算的特点

雾计算是云计算的延伸和扩展,可以认为是本地化的云计算,主要特点如下:

(1)安全性。安全对雾环境至关重要。雾使生产系统能够在端到端的计算环境中,安全地传输数据并对数据进行处理。在各种应用中,可以动态地建立物到雾(T2F)、雾到雾(F2F)和雾到云(F2C)的连接。

(2)可扩展性。通过在本地处理大多数信息,雾计算可以减少从工厂到云端传输的数据量。这将提高生产资源和第三方提供商的成本效益,改善带宽性能。可以动态缩放计算容量、网络带宽和雾网络的存储大小,以满足用户需求。

(3)开放性。OpenFog联盟定义的可互操作架结构,可通过开放的应用程序编程接口(API)实现资源透明和共享。API还使工厂的生产设备能够连接到远程维护服务提供商和其他合作伙伴。

(4)自主性。雾计算提供的自主性,使得供应商即使在与数据中心的通信受限或不存在的情况下,也能执行指定的操作,实现与其他工厂资源共享。这可以通过及早发现可能发生的故障和预测性维护,来减少装配线上的停工次数。即使云无法访问或过载,关键系统仍可以继续运行。

(5)可靠性/可用性/可维护性。雾节点的高可靠性、可用性和可维护性设计,有助于在苛刻、执行关键任务的生产环境中实现顺利运行。这些属性有助于远程维护和预测维护功能,并加快任何必要修复的速度。

(6)灵活性。雾计算允许在雾系统中快速进行本地化和智能的决策。工厂生产设备的小故障可以得到实时检测和处理,生产线可以迅速调整,以适应新的需求。灵活性还有助于实现预测性维护,从而减少工厂停机时间。

(7)层次性。无论是否在生产制造现场,OpenFog 定义的雾架构都允许对设备或机器对雾、雾对雾和雾对云进行操作。它还允许在雾节点和云上运行混合的多个服务。对制造的监视和控制、运行支持和业务支持,都可以在多层雾节点的动态和灵活的层次结构中实现,工厂控制系统的每个组件都可以在层级结构的最佳级别上运行。

(8)可编程性。根据业务需要重新分配和重新调整资源,可以提高工厂的效率。基于雾的编程能力,可以对生产线和工厂设备进行动态变更,同时保持整体生产效率。它还可以创建动态的价值链,并分析现场的数据,而不是将其发送到云。

### 4.3.3 雾计算与云的区别

一是从位置上看,云天雾地,即云和雾对应,云在天边,雾在地面。

二是从存储上看,云大雾小,云在中心机房,雾在本地。

三是从网络上看,云广雾狭,云在广域网,雾在局域网。

四是从成因上看,云聚雾散,云是中心化的,雾是分布式去中心化的。

五是从形态上看,云重雾轻,云是大型运营商和公有云,雾是个人云、企业云、小微云。

### 4.3.4 “云”里“雾”里计算模式的应用

1. 在智慧交通中的应用

雾计算正在自动驾驶汽车中应用,以支持实时决策,减少对云连接的依赖。雾节点可以部署在车辆中,以处理传感器数据并做出实时决策,例如检测障碍物或识别行人。在对交通拥堵情况进行分析时,可以利用云计算技术对现场车辆数据进行分析,得出最佳交通疏通方案。

2. 在网络视频中的应用

在网络视频中,可以将雾计算与云计算结合,为网络视频提供更优质的技术解决方案。雾计算是一种较云计算更加分散的计算架构,数据处理和存储位于数据产生源和云基础设施之间,可以很好地降低时延,缩短数据传输路径,降低成本,通过在这一架构上处理和存储而无须上传至云端即可完成的数据,与云计算更好地结合执行网络服务,提高视频的流畅度和播放质量。

3. 在智能安防中的应用

在智能安防中,终端通过网络连接到云计算中心,获取按需、共享和可配置的计算资源,与云形成一个综合平台,为视频监控网提供存储、检索、分析等功能。作为云计算的补充,雾计算指在靠近物或数据源头的一侧,为摄像头等终端设备就近提供服务。如果说云计算提供强大的全局结构化数据推理分析和资源管控力,那么雾计算则提供快速、敏捷、高效、精准的实时响应。这时,雾计算相当于“更贴近地面的云”,可以创建分布于不同地方的云服务。

4. 在国防军事中的应用

在带宽有限或受限的战场上，可以利用雾计算对装备上的数据采集设备的数据进行储存，并只对云端上传整理后的关键数据，且只在云端网络稳定的时候上传全部数据，这种方式可以大大提高系统资源的利用率和数据的安全性。采用这种数据传输方式可以让战场指挥员能够更有效地使用网络带宽，并能够自主选择上传数据的时机，提高军队网络信息作战能力。除此之外，一般在网络边缘地带的部队人员搜集的作战数据不太多，不能对重要数据进行快速处理，因此可以采用雾计算为作战决策提供新的数据支撑，因为雾计算和它的同类技术通常被称为边缘计算、战术云或战场云，可以提供新层面上的计算能力。例如，美国ManTech 公司推出了新的雾计算技术平台“安全战术边缘平台”(Secure Tactical Edge Platform，STEP)，又称为“装进盒中的云”，STEP 的设计轻巧便携，可以装进一个随身行李箱中，为部队提供实时的情报收集、存储、计算和分析，以便更快地做出决策。

总的来说，雾计算是一种新兴的计算方式，旨在使计算、存储、网络、加速、分析和管理控制更贴近网络边缘。因为雾贴近地面，而云浮在半空，所以雾计算的核心是处在云端(或核心的企业服务器)和物联网设备之间的雾计算层。在万物互联的物联网中，云计算、雾计算有各自的优势，当其中一种方式不能满足实际应用需求时，可以采用“云”里“雾”里的混合计算模式，发挥各自的技术优势，以实现高效协同的计算。

## 4.4 区　块　链

近年来，区块链成为科技界的一大热词，区块链技术引发了一系列深刻的突破性变革，被视作继大型机、个人电脑、互联网、移动社交之后的第五次颠覆性的新计算范式。世界经济论坛创始人克劳斯·施瓦布将其视为第四次工业革命的重要成果。那么，到底什么是区块链？区块链在物联网中有什么作用？区块链又有什么军事用途？下面，我们来回答这些问题。

### 4.4.1 区块链的概念

狭义上来说，区块链是一种将数据区块以时间顺序相连的方式组合成的、并以密码学方式保证不可篡改和不可伪造的分布式数据库。广义上来说，区块链是分布式数据存储、点对点传输、共识机制、加密算法等计算机技术的新型应用模式，具有去中心、去信任、集体维护和可靠数据库等特性。

区块链技术是一种不依赖第三方，通过自身分布式节点进行网络数据的存储、验证、传递和交流的技术方案。因此，有人从金融会计的角度，把区块链技术看成一种分布式开放性去中心化的大型网络记账簿，任何人任何时间都可以采用相同的技术标准加入自己的信息，延伸区块链，持续满足各种需求带来的数据录入需要。

通俗一点说，区块链技术就是一种全民参与记账的方式，所有的系统背后都有一个数据库，可以把数据库看成一个大账本。

### 4.4.2　区块链技术的特点

1. 去中心化

在传统的交易管理中，可信赖的第三方机构持有并保管着交易账本，但建立在区块链技术基础上的交易系统，在分布式网络中用全网记账的机制替代了传统交易中第三方中介机构的职能。简单来说，区块链去中心化的实质就是去中介、去掉人为因素的干预和一些不必要的环节，去掉一个中心或中介来为信任背书。这种去中心化的信任机制可以让人们在没有中心化机构的情况下达成信任的共识。

但区块链并不是绝对的去中心化。架构不同，去中心化的程度也不同。根据应用场景的不同，可以有完全去中心、多中心和弱中心。就像常说的公有链，它是一个开放给所有互联网用户的去中心化分布式账本，比如比特币、以太坊，都是完全去中心化的公有链架构。但是有些场景中，比如银行之间做的支付交易、跨境支付交易等，实际上是几个银行之间构建一个联盟链，是介于公有链和私有链之间的一种账本结构，是部分去中心化。再如，在一个企业内部构建的私有链中，区块链的共识机制、验证、读取等行为均由一个实体控制并只对实体内部开放，这种架构的中心化程度是偏高的。

2. 透明性

区块链的透明性，实际上是指交易的关联方共享数据、共同维护一个分布式共享账本。因账本的分布式共享、数据的分布式存储、交易的分布式记录，人人都可以参与到这种分布式记账体系中来，账本上的交易信息也对所有人公开，所以任何人都可以通过公开的接口对区块链上的数据信息进行检查、审计和追溯。也正是因为区块链分布式共享账本的高透明性，所有关联方都可以确信链上数据库中的信息没有被篡改，也无法被篡改。交易数据的随时可见、可追踪，实现了公众对操作行为合规性的共同监管。

3. 信息不可篡改性

区块链是用一条链来链接的密码学技术，特别是哈希算法，可以保证任何交易都不能被篡改，因为一经修改，整条链都会变化。在区块链上，各个节点都保存有一份账本的信息，最终所有的节点都要去公认出一条最长的链来作为这份账本的最终状态，即一个又一个新产生的区块节点在经过验证后，会不断链接到现有区块链链条的尾端，每个节点也都将拥有一份完整的账本备份。因为链上每个节点的交易信息都要通过对应的每个交易发起人的私钥来签名，所以：首先，这个交易是不可能被伪造的。其次，交易信息上链之后，除非所有人公认，或者同时控制住系统中超过 51%的节点，否则单个节点对数据库的修改是无效的，也是几乎不可能实现的。

4. 隐私匿名性

隐私匿名性，是指区块链利用密码学的隐私保护机制，可以根据不同的应用场景来保护交易人的隐私信息，交易者在参与交易的整个过程中身份不被透露，交易人身份、交易细节不被第三方或者无关方查看。

通过密码学的隐私保护机制，区块链技术解决了节点间的信任问题。因为节点之间的交换可以遵循固定的算法，并且区块链中的程序规则会在数据进行交互活动时自行判断活动的有效性，所以链上的数据存储和交互可以在匿名而非基于地址和个人身份的情况下进行。无须通过公开身份的方式即可让对方对自己产生信任，这对信用的累积是非常有帮助的。

从互联网发展的层面来看，去中心化是互联网发展过程中形成的社会化关系形态和内容产生形态。去中心化是区块链技术的颠覆性特点，它无需中心化代理，实现了一种点对点的直接交互，使得高效率、大规模、无中心化代理的信息交互方式成为现实。

### 4.4.3 区块链在物联网中的作用

1. 降低运营成本

区块链技术着眼于以点对点直联的方式让数据加以传递，而并非通过中央处理器。这种分布式的计算方式能够处理数以亿计的交换。同时，还能够充分利用分布在全世界不同位置的节点，开发蕴藏在其中数以亿计的闲置计算力、存储容量与网络资源，用于对物联网的交易处理，使计算和储存的成本大幅度降低。

2. 降低安全风险

物联网安全性的核心问题，在于设备与设备之间缺乏原有的相互信任机制。在物联网发展初期，所有设备都需要与物联网中心数据加以验证，一旦中心数据库崩塌，就会对整个物联网造成很大破坏。区块链分布式的网络能够提供新的机制，确保设备之间可以保持共识，同时不需要到数据中心加以验证。这样，即便物联网上有一个或者多个节点被攻破，其整体网络上的数据依然可靠且安全。

3. 高效而智能的网络运行机制

由于区块链具有去中心化和共识机制，在物联网上，跨系统的数据传输将会由上层转移到底层的区块链上。这样，就能大大降低物联网应用的复杂性。物联网也会进化到“物联链”时代，构建全新的链上世界。

区块链技术与物联网的结合，能够消除节点之间的审核认证环节，直接为多方联系搭建沟通的桥梁，提高网络运营效率。同时，基于区块链去中心化的共识机制，也能确保物联网的安全私密性，便于真实信息的传递。可见，区块链在物联网中有着广阔的应用空间，是奏响万物互联的最强音。

### 4.4.4 区块链技术的军事应用前景

近年来，区块链技术的研究不断深入，其应用发展也呈现出多元化的特征，很多专家学者认为区块链技术是一种极具潜力的颠覆性技术。研究区块链技术的军事价值及其在军事领域的应用，对推动军队装备信息化建设具有重要意义。

1. 作战数据支撑

区块链去中心化、自治性以及极难篡改的特性，使其在军事领域具有重要的意义以及广阔的发展前景。数据对于现代战争至关重要，整个作战系统效能的充分发挥都依赖可信的数据，缺少及时、准确数据的指挥员只能凭借主观臆想做出指挥决策，缺乏可信数据支持的作战人员变得畏首畏尾，武器装备也无法实现准确打击、摧毁目标。

从某种意义上说，战争双方谁夺取了制信息权，谁就取得了制胜权，因此在现代战争中保障军事数据安全变得尤为关键。对军事系统而言，数据的完整性和真实性至关重要，这是因为武器系统和作战系统效能的充分发挥必须依赖于可信的数据，而黑客可以利用中心化数据库或者单点故障进行网络攻击使得整个信息系统瘫痪，或者通过盗取并伪造身份信息篡改数据。这些潜在漏洞意味着作战人员随时面临着数据真实性风险，甚至会基于恶意数据做出错误决策。由于美国的很多武器系统需要数据才能有效地发挥作用，导致士兵们疲于应对因缺乏可信数据而带来的作战干扰和恶化。鉴于此，区块链技术扮演了战场信息保护伞的角色。区块链技术拥有无法摧毁的特性，区块链技术中每个节点都是系统的一部分，每个节点都有着一模一样的账本，摧毁部分节点对系统没有影响。

现代军事斗争中，夺得了制信息权就夺得了制胜权，战场信息对战争的胜败起着至关重要的作用。拥有数据无法摧毁等诸多特性的区块链技术，能实现数据存储的完整性，并保护高度敏感信息，一定程度上提升了战场信息的安全性和可靠性。

目前，美国国防部对区块链技术正在进行全面研究，探讨其在军事范围全方位、多领域、宽视野的应用。美国国防部高级研究计划局还授予了美国两家计算机安全公司价值 180 万美元的合同，尝试基于区块链研发一个安全、可靠的信息平台，以有效地保护敏感数据。采取“区块链”可以避免不利的破坏风险，同时放大有利的作战机会，主要目的是为了挖掘信息免遭攻击的潜力，研究区块链技术应用于核武器及其他与机密数据相关的能力，试图利用区块链技术创建一个安全完整的信息保障系统。

2. 优化的指挥体系

区块链技术的出现，立即引起了美国等世界军事强国的广泛关注。他们纷纷探索区块链技术在军事领域的应用，以期在新一轮军事变革中占据有利地位。对于军事管理而言，区块链技术可能带来的颠覆性变革主要体现在两个方面：一方面，区块链可以实现组织信息传输和处理的网络化，节约管理成本；另一方面，一切军事管理行为都可以依靠智能合约来实现，各项决策公开透明，管理层级大为减少，管理效率极大提升。去中心化的兴起也使得个体参与组织的治理成为可能，从而提高了决策民主化程度，实现扁平化管理区块链的去中心化、自治性以及极难篡改的特性，使其在军事领域具有重要的意义以及广阔的发展前景。在自然界中，去中心化其实很早就已广泛存在，具有进化论上所谓的“适者生存”先进性。人们最熟悉的蜂巢的结构，就是去中心化的；鸡蛋的应力结构，也是分散式的。从中我们可以发现，去中心化的最大好处是更安全、可靠，任何一部分的损坏，不会对整体造成致命的伤害，这和传统的“一点脆弱性”属于两种截然不同的思路。人们常说的“打蛇打七寸”“擒贼先擒王”都是从“一点脆弱性”引发出来的，即只要击中“命门”就会造成致命的打击，这就是对“中心化”最直观的理解。

随着区块链技术在军事领域的广泛应用，未来战争必然会跟随前沿信息技术的发展步伐，呈现出弱中心化甚至去中心化的趋势。信息技术的整个发展过程就是一部从集中到分散，又从分散到集中，循环往复的发展史，经历了集中式大型机时代、分散式个人电脑时代、集中式云计算时代，现在进入了以区块链为基础的可信互联网时代。历史不是简单的重复，而是一个螺旋式上升的发展过程。未来战争的弱中心化甚至去中心化是建立在每个作战单元自治化、智能化基础之上的，是科学技术发展到一定阶段的产物。每一个作战单元都是一个智能的自治个体,能独立自主地完成一定的作战任务;作战单元之间以对等的工作模式存在,以网络化连接进行沟通协作,确保了作战系统通信联络的鲁棒性,使得情报数据信息传递更加便捷、高效,提高了作战系统的快速反应能力。同时,这也要求作战力量的组织形式、管理方式、指挥控制等更加扁平化。

3.优化的集群控制

无人机集群在协同搜索、侦察与攻击的过程中,为了有效保护已方,杀伤对方,通常要变换编队阵型,如跟随编队、菱形编队、几何中心编队等。区块链的侧链技术允许多个区块链以分层的方式彼此连接。不同链上的无人机,一方面可以依照所在链上预置的协议来动作,另一方面也可以进行链间协作,从而使得多样化的集群阵型切换更加简便易行。

借鉴区块链去中心化自治组织(DAO)的概念,未来无人机集群中的每个个体都可以视作一个自主和自治的智能体,并具备一定的感知、推理和决策功能,这些智能体将通过智能合约组成各式各样的去中心化自治集群(DAS),集群以自治的方式执行最优决策。事实上,集群部署的最大挑战并非装置设计或包装,而是控制。而控制一个集群中数百甚至数千个装置的一个主要局限,在于专家们所说的全局态势感知。换言之,不仅要感知邻近的装置,还要能够获得整个集群中所有装置之间共享的感知。

区块链网络公开、分布的设计得以管理和协调编入每个装置内的简单操作程序,经整合后,可使单个集群的感知传达给所有装置。这就使得单个集群具有作为一个单一整体进行行动的能力;区块链技术解开了集群的军事可能性。当前,军事科技发展正步入跨界融合、多效并举、加速创新和引领发展的新阶段。

区块链等前沿科技向军事领域的全面渗透,在不久的将来必将改变战争模式,甚至影响战争胜负。虽然区块链技术在军事领域中的运用尚处于萌芽阶段,各大项目还未落地,但任何科学技术的发展都要历经一个渐变累积的过程。未来,区块链技术一旦成功应用于集群控制等领域,必将引发作战方式的革命性变化。

4.高效的军事物流

现代化的军事物流正向智能时代迈进,全过程包括智能仓储、智能包装、智能运输和智能配送等环节。要真正实现智能化,离不开后勤部门、仓库、物资、工具和物资需求方等参与者的智能化。这样一个由人和物联接的网络事实上构成了小型的物联网,利用中心化的管理策略实现系统的运转是不可行的,究其主要原因有:

其一,物流链条形成了一个地理上时刻变化的动态系统,难以在固定位置建设信息服务中心,构建可移动的信息服务中心不仅需要投入大量资金,而且存在系统维护、数据交换等难题。

其二,过分依赖于信息服务中心的可靠性,一旦信息服务中心出现故障,将影响到整个物流系统的正常运转,而军事应用更强调系统的健壮性和战时抗毁伤能力。借助区块链技术,将实现信息从自由传输到自由公证的质变,其极有可能成为未来网络基础协议和信用范式的“颠覆性”技术。

当然,区块链技术的独特优势还可为国防和军事信息资源管理提供新的解决方案。并且,随着人工智能技术在算法创新、算力提升、数据挖掘等方面的快速进步,区块链技术将展现出更加广阔的应用前景,在数据、网络、激励、应用等各个层面为军事智能化注入新的活力，带来国防领域技术革新。

另外，军需供应链、战场物资支持与战场救护、数据安全以及虚拟资产相关的犯罪活动等领域均已出现区块链技术应用的身影。

## 4.5　数字孪生

随着经济社会数字化转型的持续推进，数字孪生逐渐成为产业各界关注的热点技术。数字孪生起源于航天军工领域，近年来持续向智能制造、智慧城市等垂直行业拓展，实现机理描述、异常诊断、风险预测、决策辅助等应用价值，已成为助力企业数字化转型、促进数字经济发展的重要抓手。那么，究竟什么是数字孪生？它会给我们带来什么样的改变？下面，我们来回答这些问题。

### 4.5.1　数字孪生的概念

数字孪生，英文名叫 Digital Twin(数字双胞胎)，也称数字映射、数字镜像，其是指使用数字技术将现实世界中的物理对象、系统、过程等数字化，建立与之对应的虚拟对象、系统、过程等，以实现对现实世界的仿真、预测、优化等目的的技术。

数字孪生是一种数字化理念和技术手段，它以数据与模型的集成融合为基础与核心，通过在数字空间实时构建物理对象的精准数字化映射，基于数据整合与分析预测来模拟、验证、预测、控制物理实体全生命周期过程，最终形成智能决策的优化闭环。其中，面向的物理对象包括实物、行为、过程，构建孪生体涉及的数据包括实时传感数据和运行历史数据，集成的模型涵盖物理模型、机理模型和流程模型等。

### 4.5.2　数字孪生的起源与发展

数字孪生的概念最早可以追溯到美国阿波罗计划。在 20 年前，迈克尔·格里夫斯(Michael Grieves)教授提出了物理产品的虚拟数字化映射的思想，也就是“数字孪生”(Digital Twin)的雏形。

随后，美国空军研究实验室(AFRL)提出了一个真正有文献记载的“数字孪生”概念。在空军意识到数字结对具有重要的现实意义的同时，美国通用电气公司(GE)也对数字结对产生了浓厚的兴趣。再后来，德国西门子公司也跟着掌握了数字孪生技术。

2015 年左右，中国开始发展并及时跟进。此后，数字孪生的基本概念开始逐渐风靡互联网和产业。在 2016—2018 年期间，数字孪生连续三年被 Gartner 列为十大战略科技发展趋势之一。目前，数字孪生技术已在电力、水务、轨交、医疗、工厂等场景中广泛应用，提供相应的现实解决方案。据 IDC 数据，2020 年全球数字孪生市场规模为 52.2 亿美元，预计 2025 年整体市场规模将达到 264 亿美元，年复合增长率为 37.1%。

### 4.5.3　数字孪生的应用领域

1. 工业制造

在工业制造领域，通过数字孪生，能够对工业厂房、生产线、设备等管理要素进行三维仿真展示，通过集成视频监控、设备运行监测、环境监测以及其他传感器实时上传的监测数据，可实现设备精密细节、复杂结构、复杂动作的全数据驱动显示，对生产流程、生产环境、设备运行状态进行实时监测，真实再现生产流程、设备运转过程及工作原理，为设备的研制、改进、定型、维护、效能评估等提供有效、精确的决策依据。

2. 智慧城市

通过建设智慧城市数字孪生智能运营中心（IOC），构建数字孪生城市，能够有效融合政府各职能部门现有数据资源，支持从宏观到微观，对资源环境、基础设施、交通运输、社会治理、人口民生、产业经济、社会舆情、公共安全等领域的核心指标进行态势监测与可视分析，对城市运行态势进行全面感知、综合研判，帮助城市管理者提高城市运营管理水平、驱动城市管理走向精细化。

3. 医疗领域

数字孪生可以用于改善医疗设备的精度和性能，例如超声波成像系统和心电图仪。数字孪生可以创建人体的数字模型，用于诊断和治疗疾病。它可以帮助医生在诊断和治疗疾病时进行更精确的操作，减少手术风险，并提高患者的治疗效果。智慧医疗运营管理系统以数字孪生为依托，为助力医院实现信息聚合、数字建模、三维映射，搭建一个智能化数字空间，依托数据治理、知识图谱、轻量建模技术，提升医院运营管理效率。

4. 军事装备领域

随着人工智能技术的广泛应用，未来战争武器装备的复杂程度将空前提高。传统的人工统计、逐层汇总模式已不能适应装备管理需要。数字孪生模型可以利用传感器、射频识别等技术，动态收集记录装备运行数据、维修保障数据，实时预测装备健康状态。利用神经网络等智能算法分析装备状态数据，可以找出装备状态与健康状态之间的规律，分析健康状态与维修需求的基本关系，及时对每个单元的运行情况进行分析，对临近故障状态的单元进行预警提示，提前发现装备故障苗头，指导保障人员做好准备和及时维修。在新装备的设计研发阶段，利用数字孪生技术以可视化的方式展示出物理实体，可提高设计的准确性。通过一系列可重复、可加速的仿真实验，验证其在不同外部环境下的性能和表现，可以更精准地评估新装备的可靠性和适应性。

总之，数字孪生就是在一个设备或系统的基础上，创造一个数字版的“克隆体”。随着大数据、物联网、移动互联网、云计算等新一代信息与通信技术的快速普及与应用，以及当前各国先进制造战略，如德国工业 4.0、美国工业互联网战略和中国制造 2025 等的提出，数字孪生体已经超出了其传统的产品设计和运维阶段的数字孪生体范畴。数字孪生技术已经超越了制造，进入了物联网、人工智能和数据分析的融合世界。

## 4.6 可穿戴计算

普适计算致力于将计算设备融入人们的工作、生活空间，形成一个“无处不在、无时不在且不可见”的计算环境。它强调以人为中心，目的在于“建立一个充满计算和通信能力的环境，同时使这个环境与人们逐渐地融合在一起”。作为一种物联网新兴计算模式，可穿戴计算(Wearable Computing)正将普适计算的理念“穿戴”在人们身上。

### 4.6.1　可穿戴计算的定义

可穿戴计算是一种物联网领域先进的计算模式,近年来,各种电子器件朝着微型化、智能化、便利化等方向快速发展,同时,一些新技术、新概念、新装备不断提出,加快了世界经济发展进程。在这种计算模式下,衍生出一类可穿戴、个性化、新形态的个人移动计算系统(或称为可穿戴计算机),可实现对个人的自然持续的辅助与增强。可穿戴计算作为一种新型人机交互计算模式,暂时没有明确的规范定义,根据史蒂夫·曼恩(Steve Mann)在 1988 年的定义,可穿戴计算是一种由用户穿戴和控制,且能够提供持续运行和计算的计算机设备。近年来,可穿戴计算在概念、技术、应用等方面发生了日新月异的变化,产生了一系列人工智能的革命。事实上可穿戴式计算设备只是简单地将人工智能获取的信息,以最直接的方式传输。

### 4.6.2　可穿戴计算的历史与发展

随着 20 世纪中后期世界电气技术的快速发展,可穿戴计算机的思想开始萌芽,其中代表性的可穿戴计算设备是由美国索普(Thorp)和香农(Shannon)等人设计的一款能够隐藏在鞋子里的计算装置。随后,史蒂夫·曼恩研制出具有头戴显示器、形态化的可穿戴计算机原型。20 世纪 90 年代后期,随着可穿戴计算研究热潮的兴起,许多研究理论、技术和应用均得到前所未有的发展。2013 年后,美国相关公司致力于将可穿戴设备应用于钢厂、电力、石油化工等工业生产。我国可穿戴设备自 2012 年起步开始,呈现出高速发展的态势。我国在政策、标准等方面对可穿戴设备产业先后做出一系列的部署和安排,推动可穿戴计算技术产业化发展,促进应用人工智能技术的可穿戴设备创新。

随着科技的不断发展,可穿戴计算成为人们生活中不可或缺的一部分。从最初的手表、耳机到现在的智能手环、智能手表、智能眼镜等,可穿戴计算在不断地改变着我们的生活。目前,可穿戴计算系统或终端有多种形态和类型,如可穿戴网络终端、可穿戴服务器、可穿戴通信终端和可穿戴计算服饰(如嵌入计算功能的智能衣物、航天服和潜水服)等等。典型的、可实用化的工业用途可穿戴计算系统构架包括一套头戴系统(头戴显示、视频和语音装置等)、一个手持键鼠和一件内嵌计算和通信系统的背心。另外,可穿戴计算领域还包括可穿戴电子设备(如腕式或手表计算终端、眼镜式 MP4、臂式 MP3)、可穿戴传感网络和可穿戴机器人等。

### 4.6.3　可穿戴计算的基本运行方式与基本特性

加拿大多伦多大学斯蒂夫·曼恩以三个基本运行方式和六个基本特性形式化定义了可穿戴计算。

1. 基本运行方式

(1)持续(Constancy)。无须开机、关机,持续与人交互。

(2)增强(Augmentation)。不像其他计算范式那样把“计算”当作主要任务,可穿戴计算假定人们总是在进行其他活动时使用这种计算来增强感知和智慧。

(3)介入或调介(Mediation)。通过对人的“信息包裹(Encapsulation)”,可实现对信息的过滤、调整和干预。例如,信息过滤可以防止私有信息外泄和外部信息干扰,信息调整和干预将为人类提供奇特的信息感受、响应方式与能力。

2. 基本特性

穿戴计算可抽象为六个基本特性:不会独占人的注意力(Unmonopolizing),对人的活动和运动不造成约束(Unrestrictive),随时可以得到用户的注意(Observable),用户随时可以控制(Controllable),随时感知环境、具有多模态传感能力(Attentive),用户可以与其他人随时交互(Communicative)。

### 4.6.4 可穿戴计算系统的基本构成与关键技术

1. 基本构成

可穿戴计算系统一般由硬件和软件构成。硬件主要包括微小型多端口低功耗计算机、网络接口、电源、输入输出设备等,软件主要包括计算机系统、应用软件、辅助子系统等。

2. 关键技术

穿戴式计算是多种关键技术(如纳米电子学、有机电子、传感、驱动、通信、低功耗计算、可视化技术和嵌入式软件)的集成应用,这些技术广泛用于智能设备中,为传统的服装、面料、补丁、手表等带来了新的功能,或者使可穿戴式设备作为其他智能系统的一部分。

### 4.6.5 可穿戴计算的应用

可穿戴计算与普适计算、机器学习、云计算、模式识别、计算机技术、物联网等先进的人工智能技术融合,可以创造出一大批更智能、更便利的可穿戴设备,改变人类生活方式,提升生活水平。

1. 智能服装

可穿戴技术的出现及其在健身追踪器中的大规模应用已经蔓延到其他领域,如医疗可穿戴设备和相关服装或时尚产品。通常,由电子设备(传感器和微控制器)驱动的服装被称为智能服装或联网服装,它们也是可穿戴设备家族的一部分。

智能服装是在传统用途之外增加了高科技的新功能,是新型的智能可穿戴设备。它可以通过特定应用程序与手机和笔记本电脑连接,从而记录人体活动指标和关键生物特征,供人们随时检查自己的健康状况。智能服装检测的数据包括但不限于生命体征、心率、睡眠模式、生物特征,也包括部分环境数据,如紫外线暴露、二氧化碳等。

2. 智能头盔

大多数人会觉得戴头盔很无聊,甚至不愿意佩戴。现在有了内置扬声器和全球定位系统的智能头盔,因其使用电容耦合,可将声音转换为振动,哪怕是在骑行时也可以轻松地听音乐。除此之外,这些头盔还可以帮助你接打电话,以及记录骑行节奏、卡路里消耗情况、路线、速度和耐力等信息。

3. 智能眼镜

智能眼镜已经诞生多年,是市场认知度颇高的可穿戴设备。新一代的智能眼镜将全面融合增强现实(AR)、虚拟现实(VR)、摄像头、蓝牙、内置耳塞、噪声消除、人脸识别、健康感知、音频录制等功能,可以像智能手机一样完成几乎所有的任务。

4. 智能戒指

凭借相对较低的价格,无论是作为迷你智能手机还是兼作健身跟踪器,智能手表曾经一度成为市场上炙手可热的可穿戴产品。在即时互动时代,智能手表还能帮助接收社交媒体通知。有健康意识的人,可以使用合适的智能手表监控他们的睡眠、血糖水平、燃烧的卡路里、血压等。

随着技术的进步,人们对可穿戴设备的追求将从手腕进一步下移到手指,也就是说,为戒指这个首饰品赋予一定的智能属性。届时,手指上佩戴的智能戒指不仅能够用来记录我们的健康状况,还可以刷卡付款、接收社交媒体通知等。那些需要花大量时间开会,又不便查看手机的商务人士,他们很可能是智能戒指最初的目标客户。

可穿戴设备在多个应用领域的采用以及多功能和混合应用移动设备为可穿戴技术市场的增长提供了新机遇。

# 4.7　数据挖掘技术

## 4.7.1　数据挖掘的概念

数据挖掘就是从大量的、不完整的、有噪声的、模糊的、随机的实际数据中,提取隐含于其中的、事先未知的、具有潜在价值的信息和知识的过程。一般可以将数据挖掘的过程划分为三个阶段:数据准备、数据开采、结果表述和解释,示意图如图 4-1 所示。

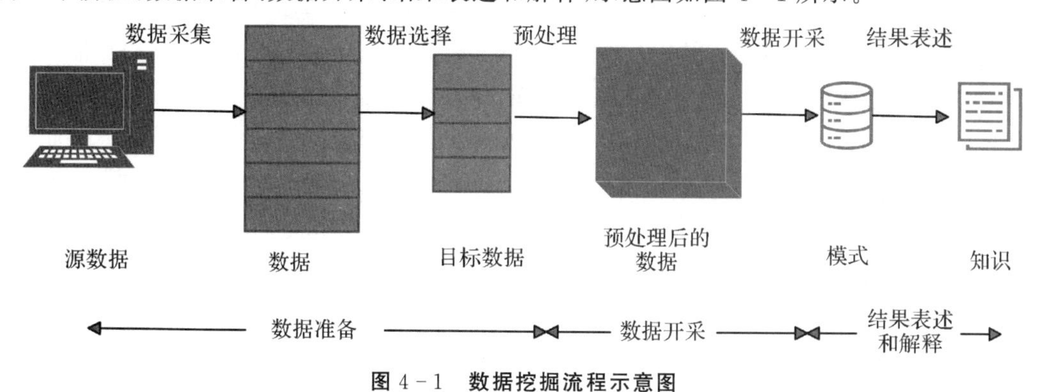


图 4-1　数据挖掘流程示意图

1. 数据准备

数据准备是指对源数据进行采集、选择和预处理,最终得到可以进行挖掘的准备好的数据。数据挖掘的对象可以是任何类型的信息,例如关系数据库、面向对象数据库、数据仓库等。

2. 数据开采

数据开采是指选择特定的挖掘算法来搜索发现数据中存在的模式。目前研究人员已经提出了许多挖掘算法,例如决策树方法、神经网络方法、遗传算法、模糊论方法、统计学方法等。

3. 结果表述和解释

结果表述和解释是把有价值的信息区分出来,并通过决策支持工具呈现给决策者。

### 4.7.2 典型数据挖掘技术

数据挖掘就是从大量的、不完全的、有噪声的、模糊的、随机的数据中,提取隐含在其中的、人们事先不知道的但又是潜在有用的信息和知识的过程。数据挖掘的任务是从数据集中发现模式,可以发现的模式有很多种,按功能可以分为两大类:预测性(Predictive)模式和描述性(Descriptive)模式。在应用中其往往根据模式的实际作用细分为以下几种:分类、估值、预测、相关性分析、序列、时间序列、描述和可视化等。

数据挖掘涉及的学科领域和技术很多,有多种分类方法。按挖掘任务分,可分为分类或预测模型发现、数据总结、聚类、关联规则发现、序列模式发现、依赖关系或依赖模型发现、异常和趋势发现等;按挖掘对象分,有关系数据库、面向对象数据库、空间数据库、时态数据库、文本数据源、多媒体数据库、异质数据库、遗产数据库以及环球网 Web;按挖掘方法分,可粗分为机器学习方法、统计方法、神经网络方法和数据库方法。机器学习中,可细分为归纳学习方法(决策树、规则归纳等)、基于范例学习、遗传算法等。统计方法中,可细分为回归分析(多元回归、自回归等)、判别分析(贝叶斯判别、费歇尔判别、非参数判别等)、聚类分析(系统聚类、动态聚类等)、探索性分析(主元分析法、相关分析法等)等。神经网络方法中,可细分为前向神经网络(BP 算法等)、自组织神经网络(自组织特征映射、竞争学习等)等。数据库方法主要是多维数据分析或 OLAP 方法,另外还有面向属性的归纳方法等。

1. 统计技术

数据挖掘技术统计学是数学的一个分支,与数据的收集和描述有关。许多分析师并不认为统计技术是一种数据挖掘技术。但尽管如此,它仍有助于发现模式并建立预测性模型。因此,数据分析员应该对不同的统计技术有一定的了解。在当今世界,人们必须处理许多数据,并从中得出重要的模式。统计数据可以在更大程度上帮助人们回答有关其数据的问题,还可以对数据进行汇总和统计,同时提供有关数据的信息。通过统计报告,人们可以做出明智的决定。统计有不同的形式,但最重要和最有用的技术是收集和统计数据。收集数据的方法有很多种。

2. 关联规则

数据关联是数据库中存在的一类重要的可被发现的知识。若两个或多个变量的取值之间存在某种规律性,就称为关联。关联可分为简单关联、时序关联、因果关联。关联分析的目的是找出数据库中隐藏的关联网。有时并不知道数据库中数据的关联函数,即使知道也是不确定的,因此关联分析生成的规则带有可信度。

关联规则技术有助于找到两个或多个项目之间的关联,并了解数据库中不同变量之间的关系。它发现了用于识别变量的数据集中的隐藏模式,以及频率最高的其他变量的频繁出现。这项技术包括两个过程,即查找所有频繁出现的数据集和从频繁数据集创建强关联规则,其中包括三种类型的关联规则:多层关联规则、多维关联规则、数量关联规则。这种技术最常用于零售业，以发现销售模式。这将有助于提高转化率，从而增加利润。

3. 聚类分析

聚类是数据挖掘中最古老的技术之一。聚类分析是识别彼此相似的数据的过程，这将有助于理解数据之间的差异和相似之处。聚类技术有时被称为分段，能够允许用户了解数据库中正在发生的事情。例如，保险公司可以根据客户的收入、年龄、保单性质和索赔类型对客户进行分组。聚类技术有不同类型的聚类方法，如分区方法、层次化凝聚方法、基于密度的方法、基于网格的方法、基于模型的方法。最流行的聚类算法是最近邻法。最近邻技术非常类似于集群。它是一种预测技术，用于预测一条记录中的估计值是什么，在历史数据库中查找具有类似估计值的记录，并使用非机密文档附近的表单中的预测值。这项技术表明，彼此较近的对象将具有相似的预测值。通过这种方法，可以非常容易地、快速地预测最近项目的重要性。聚类算法在自动化方面也工作得很好，可以轻松执行复杂的 ROI 计算。该技术的准确度与其他数据挖掘技术有同样高的利用率。

在商业领域中，最近邻技术最常用于文本检索过程中，用于查找与已标记为令人印象深刻的主文档具有相同重要特征的文档。

4. 决策树方法

决策树是一种预测模型，其名称本身意味着它看起来像一棵树。在这种技术中，树的每个分支都被视为一个分类问题。树的叶子被认为是与该特定分类相关的数据集的分区。该技术可用于勘探分析、数据前处理和预测工作。决策树可以被认为是原始数据集的分段，其中分段是出于特定原因进行的。分段下的每个数据在被预测的信息中都有一些相似之处，决策树提供了用户容易理解的结果。统计学家大多使用决策树技术来找出哪个数据库与企业的问题更相关，决策树技术可用于预测和数据预处理。

这项技术的第一步也是最重要的一步是种植树木。种树的基础是在每个树枝上找到可能被问到的最佳问题。诊断树在以下任何一种情况下停止增长。如果数据段仅包含一条记录，所有记录都包含相同的特征。这一增长不足以使情况进一步恶化，CART 代表分类和回归树，是一种数据探索和预测算法，可以更复杂地挑选问题。它尝试所有这些问题，选择一个最佳问题，用于将数据拆分成两个或更多个段。在决定了细节之后，再次单独询问每个新元素的问题。

另一种流行的决策树技术是 CHAID(卡方自动交互检测器)，与 Cart 相似，但有一点不同。Cart 帮助选择最好的问题，而 Chaid 有助于选择拆分。

5. 神经网络

神经网络是当今人们使用的另一项重要技术。这种技术最常用于数据挖掘技术的起步阶段。人工神经网络是在人工智能社区中形成的。神经网络很容易使用，它们在特定程度上是自动化的。因此，预计用户不会对工作或数据库有太多了解。这种技术有两个主要部分：节点和链接。神经网络是相互连接的神经元的集合，形成单层或多层。神经元的形成和它们的相互连接被称为网络的架构。神经网络模型有很多种，每种模型都有各自的优缺点。每个神经网络模型都有不同的体系结构，该体系结构使用其他学习过程。

神经网络是一种强大的预测建模技术。但即使是专家也不太容易理解。它创造了非常复杂的模型,不可能完全理解。因此,为了了解神经网络技术,目前正在寻找新的解决方案,

6.遗传算法

遗传算法是一种基于进化理论,并采用遗传结合、遗传变异及自然选择等设计方法的优化技术。主要思想是:根据适者生存的原则,形成由当前群体中最适合的规则组成新的群体,以及这些规则的后代。典型情况下,规则的适合度(Fitness)用它对训练样本集的分类遗传算法(Genetic Algorithm)遵循适者生存、优胜劣汰的原则,是一类借鉴生物界自然选择和自然遗传机制的随机化搜索算法。

遗传算法模拟一个人工种群的进化过程,通过选择(Selection)、交叉(Crossover)以及变异(Mutation)等机制,在每次迭代中都保留一组候选个体,重复此过程,种群经过若干代进化后,理想情况下其适应度达到近似最优的状态。

遗传算法自从被提出以来,得到了广泛的应用,特别是在函数优化、生产调度、模式识别、神经网络、自适应控制等领域,遗传算法发挥了很大的作用,提高了一些问题求解的效率和准确性。

7.粗糙集

粗糙集理论基于给定训练数据内部的等价类的建立,形成等价类的所有数据样本是不加区分的,即对于描述数据的属性,这些样本是等价的。给定现实世界数据,通常有些类不能被可用的属性区分。粗糙集就是用来近似或粗略地定义这种类。

粗糙集理论的主要优势之一是它不需要任何预备的或有关数据信息,比如统计学中的概率分布,或者模糊集理论中的隶属度或概率值。当然与其他数学理论一样,粗糙集理论也不是万能的。对建模而言,尽管粗糙集理论对知识不完全的处理是有效的,但是,由于这个理论未包含处理不精确或不确定原始数据的机制,因此,单纯地使用这个理论不一定能有效地描述不精确或不确定的实际问题,这意味着,需要其他方法来补充。一般来说,由于模糊集理论具有处理不精确和不确定数据的方法,因此,将它与粗糙集理论构成互补是自然的考虑。

8.分类

数据挖掘技术分类是最常用的数据挖掘技术,它通过一组预先分类的样本来创建一个可以对一大组数据进行分类的模型。此技术有助于获取有关数据和元数据(有关数据的数据)的重要信息。这项技术与聚类分析技术密切相关,它使用决策树或神经网络系统,其中主要涉及学习和分类两个过程。学习指在这个过程中,数据通过分类算法进行分析;分类指在此过程中,数据用于衡量分类规则的精度。

### 4.7.3 物联网对数据挖掘的要求

1.实时高效数据挖掘

物联网系统中任何一个控制端均需要对环境进行实时分析并做出正确决策,因此实时、高效是物联网系统对数据挖掘最为关键的要求之一。

2.分布式数据挖掘

物联网计算设备和数据天然分布,需要采用分布式并行数据挖掘。

3.数据质量控制

物联网中多源、多模态、多媒体、多格式数据的存储与管理是控制数据质量、获得真实结果的重要保证。

4.决策控制

物联网中挖掘出的模式、规则、特征指标能用于预测、决策和控制。

5.挖掘任务

物联网挖掘任务主要包括数据抽取、分类预测、聚类、关联规则发现等。

### 4.7.4　物联网环境数据挖掘存在的挑战

1.数据挖掘算法的选择

选择合适的算法,并采取适当的并行策略,才能提高并行效率。因此算法的设计变得非常重要,参数的调节变得必不可少,而且参数的调节直接影响最终的结果。

2.不确定性

首先,数据挖掘任务的描述具有不确定性,数据采集和预处理也有很多的不确定性;其次,数据挖掘方法和结果具有不确定性;最后,由于每个用户所关注的最终的挖掘目标不一样,导致对挖掘结果的评价也具有不确定性。因此,不确定性是数据挖掘在物联网系统中面临的最大挑战。

## 4.8　数据融合技术

近年来,物联网技术在全球快速发展,进入人们生活的方方面面。物联网技术将生活中的客观事物、智能感知设备相互连接构成一个庞大的、智能的网络,许多数据在网络中产生、传递和处理,形成一个大数据池,只有将这些数据进行融合处理,提取出有用信息,将数据有效利用,才能实现万物互联和人工智能。

### 4.8.1　数据融合的定义

数据融合有广义和狭义之分。广义的数据融合泛指一切数据融合的活动,比如在第二次世界大战期间,英军通过特工、商业船只等手段获得德军海军情报,再比如当前美国通过各个渠道获得反恐情报并做出应对;狭义的数据融合主要指多传感器融合,其目的在于获得更高的检测概率以及可信度。

### 4.8.2　数据融合的分类

数据融合有很多种分类方式,按照数据融合层次的标准进行分类,数据融合可以分为三类:数据级融合、特征级融合以及决策级融合。

1. 数据级融合

数据级融合是最基础的融合，直接融合操作节点收集的最原始数据。在大多数情况下，这类融合不依赖于用户需求，而单单依赖于传感器节点的类型。这种融合的好处就是可以保留详细、全面的原始数据信息，但由于原始数据会有不确定性和不稳定性，所以要求数据融合有较强的纠错能力，抗干扰能力相对弱于其他两种融合方式。

2. 特征级融合

特征级融合属于中间层的融合，利用特征提取方法从节点收集的原始数据中提取特征，并将其表示为特征向量，以此来反映事物的属性。先对数据进行特征提取，然后进行数据关联操作，最后融合特征向量。这种融合不仅保留了重要的数据特征，还对数据进行了有效压缩，使得系统的实时性变高了。通常应用于位置定位跟踪、目标识别和态势估计等领域。

3. 决策级融合

决策级融合属于最高级的融合，是一种面向应用的融合，能满足用户实际应用的需求。基于特征级融合分析、判别和分类监控对象，最后根据数据之间的相关性做出高级决策。例如：在监测灾害的过程中，综合了多个类型的传感器信息，以此来判断是否出现了灾害事故；在目标监控中，决策级融合需要全面监控。

### 4.8.3 数据(或像素)级的融合

数据(或像素)级别的数据融合是指传感器节点收集信息数据之后便立刻在其最初的状态下展开数据融合，并对该信息进行汇总与辨析。这种数据(或像素)级别的融合是三种融合方式中最低层次的融合，所以融合时其需要所有的待融合数据的来源是同一类型的传感器，并且要求其本身改正错误信息的能力要很高。数据(或像素)级别的数据融合示意图如图 4-2 所示。

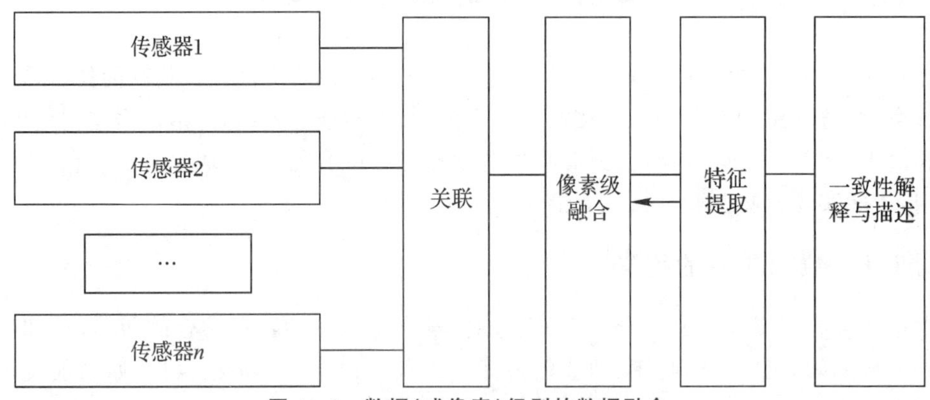


图 4-2 数据(或像素)级别的数据融合

采用这种方式进行的数据融合的最大优势是数据信息保持了自己最初信息的完整性，所得到的信息与其他方式得到的信息相比较更加细致与精确。但因为其保持了数据的最初的所有信息，所以在传输的时候占用的信道带宽以及能量时间的消耗都比其他方式要高一些。当面对物联网的海量数据时，这种方式会造成系统能量的极大消耗，这是这种融合方式的不足之处。

## 4.9 小　　结

物联网应用层的主要功能是对采集数据的汇聚、转换、分析和决策，具体包括数据融合、海量数据存储和数据库技术、数据挖掘、搜索引擎和云计算技术等技术，同时软件与中间件技术对物联网的信息处理和应用集成发挥了重要作用。

数据融合是指对多传感器信息进行分析、组合以完成所需决策的处理过程。它本质上是一种数据处理技术，可以看作许多传统学科和新兴技术的集成和应用，虽然数据融合的应用研究已经相当广泛，但是本身尚未形成基本的理论框架，大部分工作都是针对特定领域内的问题开展研究的。海量数据存储和数据库技术实际上是一种使用计算机存储和管理数据的技术。物联网的海量数据的存储需要数据库、数据仓库、网络存储、数据中心与云存储技术的支持。数据挖掘就是从大量的、不完整的、模糊的、随机的实际数据中，提取隐含其中的、事先未知的、具有潜在价值的信息和知识的过程。

云计算、软件和中间件技术是物联网的关键技术。其中软件和中间件技术是物联网智慧性的集中体现，在物联网数据的信息处理和应用集成中发挥重要作用，从而获取价值性信息来指导物理世界更加高效运转；云计算的创新型服务交付模式，简化服务的交付，加强物联网和互联网之间及其内部的互联互通，可以实现新商业模式的快速创新，促进物联网和互联网的智能融合。

整体来讲，物联网应用层的众多技术是传统技术的继承和新的拓展，但这些技术如果要满足物联网数据实时采集、事件高度并发、海量数据分析挖掘、自主智能协同的特性要求还是有一定差距的，因此在未来的技术和应用发展中要不断针对物联网的需求特性进行优化和提升，才能形成“智慧性”的物联网。

# 第5章　物联网安全技术

**本章目标**

(1)了解物联网三类安全问题。
(2)掌握物联网安全体系结构的框架和安全机制。
(3)掌握物联网信息安全技术和隐私保护。

## 5.1　物联网安全问题

物联网的应用,可使人与物的交互更加方便,给人们带来诸多便利。在物联网的应用中,如果信息安全无保障,那么个人隐私、物品信息等随时都可能被泄露,而且容易为黑客提供远程控制他人物品,甚至操纵重要物联网系统,夺取控制管理权限的可能性。物联网安全的主要目标是保持物联网的私密性、保密性,确保物联网的用户、基础设施、数据和设备的安全,并保证物联网生态系统提供的服务的可用性。当前物联网面临的主要安全问题总结起来包括以下几点。

1. 过时的硬件和软件

由于物联网设备的使用越来越多,因此这些设备的制造商将重点放在构建新设备上,而没有对安全性给予足够的重视。这些设备中的大多数没有获得足够的更新,而且其中一些从未获得任何更新。这意味着这些产品在购买时是安全的,但是当黑客发现一些错误或安全问题时,其很容易受到攻击。如果无法通过发布定期的硬件和软件更新来解决这些问题,则设备仍然容易受到攻击。对于连接到 Internet 的每件事,定期更新都是必须的。

2. 使用弱证书和默认证书

许多物联网公司正在出售设备,并为消费者提供默认凭据,例如管理员用户名。黑客只需要用户名和密码即可攻击设备。当他们知道用户名时,他们会进行暴力攻击来感染设备。

Mirai 僵尸网络攻击就是一个例子,因为设备使用的是默认凭据。消费者在获得设备后应立即更改默认凭据,但大多数制造商在说明指南中均未提及任何更改。如果不按照说明进行更新,则所有设备都容易受到攻击。

3. 恶意软件和勒索软件

物联网产品开发的迅速增长将使网络攻击的变化无法预测。如今,网络犯罪分子已经变得先进了,他们使消费者无法使用自己的设备。

例如,具有 IoT 功能的摄像头可捕获家庭或办公室的机密信息,而一旦系统被黑客入侵,攻击者将对网络摄像头系统进行加密,并且不允许消费者访问任何信息。由于该系统包含个人数据,因此他们可以要求消费者支付巨额费用来恢复其数据。发生这种情况时,它被称为勒索软件。

4. 预测和预防攻击

网络犯罪分子正在积极寻找针对安全威胁的新技术。在这种情况下,不仅需要发现漏洞并在漏洞发生时加以修复,还需要学习预测和预防新威胁。

安全性挑战似乎是连接设备安全性的长期挑战。现代云服务利用威胁情报来预测安全问题。其他此类技术包括基于 AI 的监视和分析工具。但是,将这些技术应用于物联网很复杂,因为连接的设备需要立即处理数据。

5. 很难知道设备是否受到影响

尽管实际上不可能保证 100%的安全性不受安全威胁和破坏,但物联网设备的问题是大多数用户不知道他们的设备是否被黑客入侵。当物联网设备规模很大时,即使对于服务提供商而言,也很难监视所有这些设备。这是因为物联网设备需要用于通信的应用程序、服务和协议。由于设备的数量显著增加,要管理的事物的数量甚至更多。因此,许多设备在用户不知道自己被黑客入侵的情况下仍继续运行。

6. 数据保护和安全挑战

在这个互联的世界中,保护数据变得非常困难,因为它可以在几秒钟之内在多个设备之间传输数据。一会儿,它存储在移动设备中,下一分钟它存储在网络上,然后是云。所有这些数据都是通过 Internet 传输的,这可能导致数据泄露。并非所有通过其发送或接收数据的设备都是安全的。一旦数据泄露,黑客便可以将其出售给其他侵犯数据隐私和安全权的公司。此外,即使数据没有从用户端泄露出去,服务提供商也可能不符合法规和法律,这也可能导致安全事件。

7. 使用自主系统进行数据管理

从数据收集和网络的角度来看,由连接的设备生成的数据量将太大而无法处理。毫无疑问,它将需要使用 AI 工具和自动化。物联网管理员和网络专家将必须设置新规则,以便可以轻松检测流量模式。但是,使用此类工具会有一定的风险,因为即使在配置过程中出现最轻微的错误也可能导致中断。这对于医疗保健、金融服务、电力和运输行业的大型企业而言至关重要。

8. 家庭安全

如今，越来越多的家庭和办公室通过物联网连接变得越来越聪明。大型建筑商和开发商正在使用物联网设备为公寓和整个建筑供电。尽管家庭自动化是一件好事，但并不是每个人都知道应注意的物联网安全最佳实践，即使 IP 地址被暴露，这也可能导致暴露居民地址和消费者的其他联系方式。攻击者或感兴趣的团体可以将这些信息用于不良目的。这使智能家居面临潜在风险。

9. 自动驾驶汽车的安全性

就像房屋一样，自动驾驶车辆或使用物联网服务的车辆也面临着风险。熟练的黑客可以从远程位置劫持智能车辆。他们一旦进入，就可以控制汽车，这对乘客来说是非常危险的。

### 5.1.1 感知层安全问题

物联网在感知层中会遇到各种问题，主要有以下三类：①针对 RFID 方面的安全问题；②关于无线传感网方面的安全问题；③有关移动智能终端方面的安全问题。

1. 针对 RFID 方面的安全问题分析

截至目前，针对 RFID 方面的主要安全问题见表 5-1。

**表 5-1 RFID 安全问题**

| 类　型 | 说明(释义) |
|---|---|
| 物理攻击 | 这类攻击主要是对节点本身产生物理上的损坏行为，带来信息的泄露及恶意追踪等后果的一类攻击 |
| 信道阻塞 | 攻击者总是占用信道阻碍正常通信的传输 |
| 伪造攻击 | 该类攻击是一种代价高并且时间长的攻击，因为它需要伪造电子标签从而拿到系统认可的“合法用户标签” |
| 假冒攻击 | 攻击者在通信网络中盗获一个合法用户的身份信息，然后利用这个身份信息进行入网行为 |
| 复制攻击 | 借助复制别人的电子标签信息，然后顶替他人使用该信息 |
| 重放攻击 | 攻击者利用个别方法把用户的某次使用过程(也可能是身份验证记录重放又或者将窃听到的有效信息耽搁一点时间)传给信息的接收者，骗取系统的信任，来实现攻击目标 |
| 信息篡改 | 攻击者把自己偷听到的信息修改后，又将信息传给接收者的行为 |

2. 针对无线传感网的信息安全问题

物联网三层架构中，无线传感网为感知层重要的感知数据来源。在目前物联网 M2M 模式应用中，如智能电网和智能交通等，感知信息包含国家、行业或个人的敏感、重要信息，因此应加强对无线传感网的保护，特别应加强网络内数据传输的安全性和隐私性的保护。

目前，针对无线传感网的主要安全问题见表 5-2。

**表 5-2 无线传感网安全问题**

| 名 称 | 解 释 |
| --- | --- |
| 网关节点捕获 | 网关节点等关键节点易被敌手控制，可能导致组通信密钥、广播密钥、配对密钥等全部泄露，进而威胁整个网络的通信安全 |
| 普通节点捕获 | 普通节点易被敌手控制，导致部分通信密钥泄露，对局部网络通信安全造成一定威胁 |
| 传感信息窃听 | 攻击者可轻易地对单个甚至多个通信链路间传输的信息进行窃听，从而分析出传感信息中的敏感数据。另外，通过传感信息包的窃听，还可以对无线传感器网络中的网络流量进行分析，推导出传感节点的作用等 |
| DoS 攻击 | 通过网络协议安全漏洞、系统和应用软件的漏洞消耗被攻击目标资源，最终将对方资源耗尽，导致被攻击的计算机或网络无法正常提供服务，直至系统停止响应甚至崩溃的攻击方式 |
| 重放攻击 | 指攻击者通过某种方法将用户的某次使用过程或身份验证记录重放或将窃听到的有效信息经过一段时间以后再传给信息的接收者，骗取系统的信任，达到其攻击的目的 |
| 完整性攻击 | 无线传感器网络是一个多跳和广播性质的网络，攻击者很容易对传输的信息进行修改、插入等完整性攻击，从而造成网络的决策失误 |
| 虚假路由信息 | 通过欺骗、篡改或重发路由信息，攻击者可以创建路由循环，引起或抵制网络传输，延长或缩短源路径，形成虚假错误消息，分割网络，增加端到端的延迟，耗尽关键节点能源等 |
| 选择性转发 | 恶意节点可以概率性地转发或者丢弃特定消息，使数据包不能到达目的地，导致网络陷入混乱状态 |
| Sinkhole 攻击 | 敌手利用性能强的节点向其通信范围内的节点发送 0 距离公告，影响基于距离向量的路由机制，从而吸引其邻居节点的所有通信数据，形成一个路由黑洞(Sinkhole) |
| Sybil 攻击 | 一个恶意节点具有多个身份并与其他节点通信，使其成为路由路径中的节点，然后配合其他攻击手段达到攻击目的 |
| 虫洞攻击 | 恶意节点通过声明低延迟链路骗取网络的部分消息并开凿隧道，以一种不同的方式来重传收到的消息，虫洞攻击可以引发其他类似于 Sinkhole 攻击等，也可能与选择性转发或 Sybil 攻击结合起来 |
| HELLOflood | 攻击者使用能量足够大的信号来广播路由或其他信息，使得网络中的每一个节点都认为攻击者是其直接邻居，并试图将其报文转发给攻击节点，这将导致随后的网络陷入混乱之中 |
| 确认欺骗 | 一些传感器网络路由算法依赖于潜在的或者明确的链路层确认。在确认欺骗攻击中，恶意节点窃听发往邻居的分组并欺骗链路层，使得发送者相信一条差的链路是好的或一个已死节点是活着的，随后在该链路上传输的报文将丢失 |
| 海量节点认证 | 海量节点的身份管理和认证问题是无线传感网亟待解决的安全问题 |

3. 移动智能终端信息安全问题

随着移动智能设备的成功、迅速发展,以移动智能手机为代表的移动智能设备将是物联网感知层重要组成部分,其面临恶意软件、僵尸网络、操作系统缺陷和隐私泄露等安全问题。

2004 年出现了第一个概念验证手机蠕虫病毒 Cabir,此后针对移动智能手机的移动僵尸病毒等恶意软件呈现多发趋势。移动僵尸网络的出现将对用户的个人隐私、财产(话费、手机支付业务)、有价值信息(银行卡、密码)等构成直接威胁。

Android 手机操作系统具有开放性、大众化等特点,几乎所有的 Android 手机(99.7%)都存在重大的验证漏洞,使黑客可通过未加密的无线网络窃取用户的数字证书。如存在于 Android 2.3.3 或更早版本谷歌系统中的 ClientLogin 验证协议漏洞。Android Market 市场需要更加成熟的控制机制,需要建立严格的审查机制。基于 Android 手机操作系统的恶意应用软件较多,根据 Securelist 的报告,仅在 2023 年第二季度,卡巴斯基就阻止了 570 多万起恶意软件、广告软件以及风险软件(Riskware)对于各类 Android 设备的直接攻击,而且这一数字仍在持续增长。某些常用智能手机软件也可能会主动收集用户隐私,如 KikMessager 等会自动上传用户通信录。

### 5.1.2 网络层安全问题

网络层是连接感知数据与应用系统的桥梁,涉及通信技术、互联网技术和云计算等。物联网的特点之一体现为海量。虽然目前的核心网络具有相对完整的安全措施,但是当面临海量、集群方式存在的物联网节点的数据传输需求时,很容易导致核心网络拥塞,产生拒绝服务,这就对网络层安全提出了更高要求。因此,在物联网网络层中应充分考虑移动通信网、互联网及可能的云计算所面临的信息安全问题。

1. 移动通信网面临的安全问题

在移动通信网中,随着移动通信的发展及广泛的应用,网络的安全问题也变得日益严重。由于用户之间的信息传递是通过无线信道进行的,所以它比其他网络更容易遭受各种类型的攻击。在美国,因为不法用户对移动通信网进行欺诈等犯罪活动所造成的损失每年高达几十亿美元。在我国,移动通信发展迅速,如何对付不法分子对网络所进行的各种可能攻击,是目前正在广泛研究的课题。

在移动通信中,移动通信网络的无线接口、核心网络等存在着许多不安全因素,其容易受到的安全威胁归结起来有以下几种:

(1)对无线链路的窃听将造成用户机密信息的泄露;

(2)对网络的非法访问会导致计费混乱;

(3)对网络的假冒攻击、完整性破坏、业务否认等攻击。

在第三代移动通信系统中,除了传统的语音业务外,它还将提供多媒体业务、电子商务和电子贸易多种信息服务,因此在第三代移动通信网络中有关网络安全标准应该比第二代通信网络的网络安全标准更加全面,以提供更加可靠的安全性能,使网络所需要的安全性越来越高。

2. 互联网面临的安全问题

互联网在物联网中起着信息传输的作用，由于互联网网络结构无常、协议复杂、地域广阔以及主机品种繁多，所以影响互联网安全性的因素很多，主要有以下几种：

(1)网络结构安全因素。网络的基本拓扑结构是星型、总结型和环型，而互联网络则包含这三种网络结构，网络主干是环型或总线型，而连接主干的众多子网则异构纷呈，子网往下还可能连接着多层子网。结构的复杂，无疑给网络的系统管理、拓扑设计带来很多问题。

(2)网络协议安全因素。网络的发展使它早已不再处于单一的网络协议环境中。随着国际互联网的发展，一方面用户为保护原有的网络基础设施投资，另一方面众多网络技术公司共同寻求生存机会，对网络协议的兼容性要求越来越高，使众多厂商的协议能够互联、互相通信、互相兼容。这在给厂商和用户带来利益和方便的同时，也带来了安全性的问题。在一种协议下运行的不良程序能很快传播到整个互联网，而某些用户也可以在一种网络结构和协议下实现以多种结构和协议的访问，给信息的安全带来隐患。

(3)地域安全因素。互联网往往跨越城际、国际，地理位置错综复杂，通信线路质量难以得到保证，会给网上传输的信息造成损坏或丢失，也给那些“搭线窃听”的黑客以可乘之机，增加更多的安全隐患。

除以上因素外，影响网络安全的因素还有单位的安全管理制度、人员素质、安全设施等。这些不安全因素使其面临着更多形式的安全威胁。

3. 云计算面临的安全问题

云计算是指将 IT 相关的能力以服务的方式提供给用户，允许用户在不了解提供服务的技术、没有相关知识以及设备操作能力的情况下，通过 Internet 获取需要的服务。云计算平台作为一种海量感知数据的存储和分析平台，是物联网网络层的重要组成部分，也是应用层众多应用的基础。由于云计算是一个新的计算模式，其面临的安全问题不容忽略。

(1)缺乏安全标准。目前尚未出现针对云计算架构的安全模型和标准，云服务中数据的保密性、完整性和可用性最终由云计算的消费者自行承担，而不是云计算服务商。

(2)数据安全难以保障。“云”是一个虚拟的系统，数据的物理存储位置可能分布在地球上的多个地方，数据安全在没有相应技术和法规的约束下是很难得到保障的。

(3)隐私信息难以保护。云服务商拥有甚至超过云用户的权限。如果没有可信的隐私及保护权限控制技术，那么服务商或别有用心的人将很容易窃取用户的隐私信息。

(4)云服务端易受攻击。云计算的出现，使得用户能够用 PC 机访问 Google Docs 或者 Salesforce. com 等软件服务。随着更多的系统在云计算中运行，利用“云”中的安全漏洞的价值可能会显著提高。由于云服务端有成千上万台计算机，保护数量如此巨大的计算机的安全远比保护一台服务器的安全难得多。

### 5.1.3　应用层安全问题

应用层主要包括与具体应用相关的解决方案，涉及到中间件系统和具体的应用系统等。物联网应用层通过利用分析处理后的感知数据，为用户提供丰富的特定服务。目前国内已经开始 M2M 模式的物联网试点,如智慧城市、智能交通和智能家居等。然而各子系统的建设并没有统一标准,由于在物联网应用层中各种服务的实施场景和领域不尽相同,因此各种应用系统面临的安全威胁也各有区别。总的来说,物联网应用层面临的主要安全威胁可归纳如下。

1. 应用系统的安全问题

应用系统以一种软件或软件与硬件相结合的方式实现,其包括操作系统的安全脆弱性、应用程序的安全脆弱性、传输协议的安全脆弱性、数据库的安全脆弱性和应用系统管理方面的脆弱性等。

2. 中间件的安全问题

中间件是位于底层设备和上层应用系统之间的系统,能够对数据进行采集、分析、过滤、处理和转发等,可以把正确的目标信息发送到后方。中间件主要存在数据传输、非法访问和授权管理三个方面的安全隐患。即没有授权的用户可以尝试使用受保护的中间件服务,必须对用户进行安全控制。根据用户的不同需求,把用户的使用权利限制在合法的范围内。比如不同行业用户的业务需求是不同的,两者使用中间件的功能也是不同的,他们彼此没有权利去使用对方的业务功能。

## 5.2 物联网安全体系结构

### 5.2.1 物联网安全体系结构的框架

按照当前国内外通用的物联网架构,将物联网分成感知层、网络层和应用层三个部分。为构建整个物联网安全结构,需要分别考虑感知层安全问题、网络层安全问题和应用层不同业务中的安全问题。

感知层的安全问题主要涉及终端传感器设备即插即用的安全问题、传感网安全场景、传感器网络与传统网络结合产生的安全问题,如传感网络与通信网络的安全参数转换、传感网密钥管理、传感网内数据和信令完整性保护和加密保护、路由安全轻量级安全保护、信息抗重放、传感网络动态变化带来的信息泄露等。

网络层的安全问题主要考虑由物联网感知节点数量庞大带来的海量数据传输可能引起的网络拥塞和拒绝服务攻击,在物联网环境下不同于现有通信网络的安全架构,因为现有的通信网络架构都是从人通信的角度设计的,并没有考虑机器通信时所导致的新的安全问题以及认证等。

应用层的安全问题主要考虑物联网业务中的安全场景、业务系统的安全机制,包括认证、密钥管理、加密、信息完整性保护、隐私保护等。

针对上述各层的安全问题,物联网安全体系结构如图 5-1 所示。

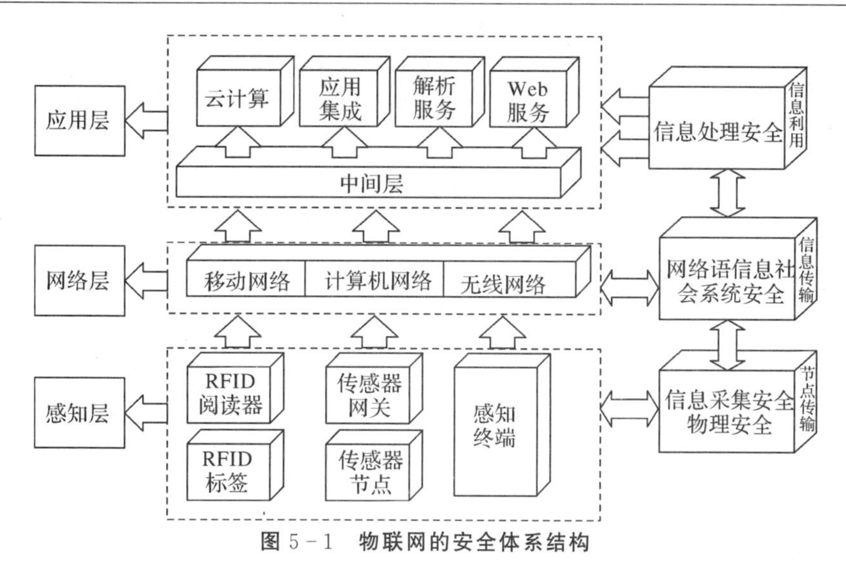


图 5－1　物联网的安全体系结构

在感知层，各类传感器设备、路由、网关等以及由此形成的传感网络都需要建立较为完善的安全机制，主要包括设备自身安全、路由安全、密钥管理以及与传统网结合安全。这就涉及到传感器设备自身安全的物理保护与密码学保护，路由信息保护时的密钥管理、身份认证、路径信誉机制、入侵检测等。

在网络层，由于传统网络的安全保障已相对完善，不同的是物联网环境需要进行认证管理。当传感数据信息发送给业务用户时，可以省略业务层对网络层传递的数据的认证，只进行网络层对传感终端的认证，保证整个业务中敌手无法对传感终端或终端传递的数据进行伪造。

在应用层，虽然各种业务类型形式各异，种类繁多，但需要具备最基本的安全保障要求。在物联网业务中，终端设备收集的信息通过网关接入通信网络然后传递给业务平台，此过程需要提供的安全机制主要包括隐私保护、端到端的认证、加密和完整性保护、密钥的生产与更新等。

除了保障各层自身安全，还需要建立层与层之间的安全机制，也就是感知层与网络层接口安全、网络层与应用层接口安全和感知层与应用层接口安全。在接口安全中，需要着重考虑各层安全切换、认证、加密及完整性保护等。

### 5.2.2　物联网体系结构的安全机制

物联网是由感知层、网络层和应用层共同构成的大规模信息系统。总体来说，在物联网安全体系结构中，涉及的安全措施包含物理安全、路由安全和相关密码学安全技术，如认证、加密、完整性保护以及密钥管理等。此外，结合物联网自身特点，在具体安全方案的设计上，还要考虑物联网设备的计算能力、存储能力、通信带宽和能量消耗等因素，构建既安全又高效的保障机制。

根据物联网的安全威胁和特征，物联网的安全体系包括以下三个部分。

1. 基于数据的安全

该部分主要处理数据的保密性、鉴别、完整性和时效性。用于保障数据安全的方法主要包括以下两点。

(1)安全定位:物联网应具有在存在恶意攻击的条件下,仍能有效、安全地确定节点的位置的能力。

(2)安全数据融合:物联网应在任何情况下保证融合数据的真实性和准确性。

2. 基于网络的安全

网络通信为应用服务提供数据服务,在考虑网络安全问题时应基于以下安全策略:

(1)安全路由:防止因误用或滥用路由协议而导致的网络瘫痪或信息泄露。

(2)容侵容错:网络传输层安全技术应避免故障、入侵或者攻击对系统可用性造成的影响。

基于网络的安全还应该使用网络可扩展策略、负载均衡策略和能量高效策略等。

3. 基于节点的安全

基于节点的安全为网络传输层通信和应用服务层数据提供安全基础设施,可采用以下安全机制:

(1)较为安全并且效率较高的密钥管理机制。

(2)高效并且冗余较少的密码学算法。

(3)轻量级的安全协议。

## 5.3 物联网信息安全技术

### 5.3.1 感知层安全威胁

感知层是物联网中最能体现物联网特性的一层,也是信息安全保护相对比较薄弱的一层,感知层传感网的安全研究仍处于初级阶段。感知层安全威胁一般有 RFID 和无线传感网的安全威胁两种。

根据 RFID 的几种攻击类型特点,可以利用以下方法对 RFID 标签进行保护。

1. 静电屏蔽

静电屏蔽的原理是利用法拉第笼装置对特定频率的无线电磁信号进行屏蔽,这个装置一般是由金属薄片制成的容器,笼体为平行体,内部电位差为零,电场为零,电荷分布在靠近放电棒的外表面。如果把 RFID 标签放在法拉第笼外罩中,就可以让标签芯片不能激活,从而对内部信息进行保护,这时候不能对标签进行读写操作。值得注意的是,这样操作在实际使用中很不方便,因为必须将标签放到装置内部。

2. 阻塞标签

阻塞标签法基于二进制树查询算法,它通过模拟标签 ID 的方式干扰算法的查询过程。阻塞标签法可以有效地防止非法扫描,最大的优点是 RFID 标签基本上不需要修改,也不要执行加解密运算,减少了标签的成本,而且阻塞标签的价格可以做到和普通标签价格相当,这使得阻塞标签可以作为一种有效的隐私保护工具。缺点是阻塞标签可以模拟多个标签存在的情况，攻击者可利用数量有限的阻塞标签向读写器发动拒绝服务攻击。另外，阻塞标签有其保护范围，超出隐私保护范围的标签不可能得到保护。

3. 主动干扰

主动干扰的原理是操作者能够主动利用广播干扰设备，对受保护的标签设备进行干扰，防止其他 RFID 设备对其信息进行读取。这种方法的主要缺点是也会对周围合法 RFID 设备造成干扰。

4. 智能标签

这种智能标签一般采用加密技术对 RFID 设备访问权限进行控制，增强标签的信息保护能力，从而进行标签隐私保护。

5. 改变频率

这种方法一般是对阅读器和标签的频率进行改变，从而对标签信息进行保护，但这种方法需要专门设计一个频率变换电路，增加了成本。

6. 杀死标签法

杀死标签的原理是使标签丧失功能，从而阻止对标签及其携带物的跟踪。但是，Kill 命令使标签失去了它本身应有的优点，如商品在卖出后，标签上的信息将不再可用，但这样不便于之后用户对产品信息的进一步了解，以及相应的售后服务。另外，若 Kill 识别序列号一旦泄露，可能导致恶意者对商品的偷盗。

值得注意的是，采用密码学方法来处理 RFID 安全引起了许多人的关注。此类方法确保 RFID 标签序列号不被非法读取。例如，采用对称加密算法和非对称加密算法对 RFID 标签数据以及 RFID 标签和阅读器之间的通信进行加密，可使一般攻击者由于不知道密钥而难以获得数据。同样，在 RFID 标签和阅读器之间进行认证，也可以避免非法阅读器获得 RFID 标签的数据。

例如，最典型的密码学方法是利用 Hash 函数给 RFID 标签加锁。该方法使用 metaID 来代替标签的真实 ID，当标签处于封锁状态时，它将拒绝显示电子编码信息，只返回使用 Hash 函数产生的散列值。只有发送正确的密钥或电子编码信息时，标签才会在利用 Hash 函数确认后解锁。

由于这种方法较为直接和经济，因此受到了普遍关注。但是协议采用静态 ID 机制，metaID 保持不变，且 ID 以明文形式在不安全的信道中传输，因此非常容易被攻击者窃取。攻击者因而可以计算或者记录（metaID、key、ID）这一组合，并在与合法的标签或者阅读器交互时假冒阅读器或者标签，实施欺骗。哈希锁协议并不安全，因此出现了各种改进的算法，如随机哈希锁、哈希链协议等。

### 5.3.2　加密技术

物联网整体的数据安全机制设计一般是由云平台及在数据处理时通盘考虑，而物联网前端的数据加密技术，主要有数据采集通信的信息加密、前端设备安全的硬件加密、软件加密三大类别。通常，真实数据信息为明文，对其施加变化的过程就是加密，加密后输出的数据就是密文数据。反之,将密文恢复到明文的过程就是解密。用于完成加密和解密的算法是加密方法,加、解密过程涉及的参数就是密钥。非法使用者试图从密文中分析出明文的复杂度决定了数据安全度,因此信息解密的重点就在算法上,目前众多加密方法都是依据算法来区分的。

物联网信息加密技术大体上可以划分为信息传输加密技术、数据存储加密技术。数据传递加密技术可以对所要传输的信息进行加密,包括节点加密、链路加密、端口加密。节点加密主要是传输端、接收端的点对点加密;链路加密是对整个信息传输通道进行加密;端口加密是对 IP 接收地址加密。数据存储加密是指加强信息数据加密锁定,只有正确地解密密码才可以访问数据信息。在细节方面,信息加密技术主要由密文、密钥构成,也就是将数据信息转化为密文,同时生成唯一可以解开密文的密钥。密文与密钥同时传递,密钥为端口传送,只有指定 IP 才可以获取密钥,在密文传递到指定 IP 后,密钥即可解开密文恢复成原始数据。即使是黑客拦截了密文,但没有密钥,无法获取真实信息。

### 5.3.3 设备接入认证技术

由于感知节点容易被物理操纵,因此必须对节点的合法性进行认证,建立设备接入认证体系。设备通过协议接入物联网平台之前,需依据不同的认证方法,上报产品与设备信息,认证通过后,方可接入物联网平台。针对不同的使用环境,物联网平台提供了多种认证方案。

物联网设备身份认证主要提供多安全等级、跨平台、资源占用少的物联网设备身份认证服务,通过可信计算和密码技术为物联网系统提供设备认证、设备接入、安全连接、业务数据加密、密钥管理等端到端的可信接入能力。物联网系统中常用的身份认证方式主要如下。

1. RFID 智能卡认证

RFID 智能卡是一种内置集成电路的芯片,芯片中存有与用户身份相关的数据。智能卡由专门的厂商通过专门的设备生产,是不可复制的硬件。智能卡由合法用户随身携带,用户登录时必须将智能卡插入专用的读卡器读取其中的信息,以验证用户的身份。

2. 用户名/密码方式

用户名/密码是最简单也是最常用的身份认证方法,是基于“what you know”的验证手段。每个用户的密码均是由用户自己设定的,只有用户自己知道。只要操作者能够正确输入密码,计算机就认为操作者是合法用户。

3. 动态口令

动态口令技术是一种让用户密码按照时间或使用次数不断变化、每个密码只能使用一次的技术。它采用一种动态令牌的专用硬件,内置电源、密码生成芯片和显示屏,密码生成芯片运行专门的密码算法,可根据当前时间或使用次数生成当前密码并将其显示在显示屏上。认证服务器采用相同的算法认证当前的有效密码。用户使用时只需要将动态令牌上显示的当前密码输入客户端计算机,即可实现身份认证。由于每次使用的密码必须由动态令牌来产生,只有合法用户才持有该硬件,因此只要通过密码验证就可以认为该用户的身份是可靠的。而用户每次使用的密码都不相同,即使黑客截获了一次密码,也无法利用这个密码来仿冒合法用户的身份。

4. USB Key认证

基于USB Key的身份认证方式是近几年发展起来的一种方便、安全的身份认证技术。它采用软硬件相结合、一次一密的强双因子认证模式，很好地解决了安全性与易用性之间的矛盾。USB Key是一种USB接口的硬件设备，它内置单片机或智能卡芯片，可以存储用户的密钥或数字证书，利用USB Key内置的密码算法即可实现对用户身份的认证。基于USB Key的身份认证系统主要有两种应用模式：一种是基于冲击/响应的认证模式，另一种是基于PKI体系的认证模式。

5. 生物识别

生物识别技术主要是指通过可测量的身体或行为等生物特征进行身份认证的一种技术。生物特征是指唯一的、可以测量或可自动识别和验证的生理特征或行为方式。生物特征分为身体特征和行为特征两类。身体特征包括指纹、掌型、视网膜、虹膜、人体气味、脸型、血管和DNA等，行为特征包括签名、语音、行走步态等。目前部分学者将视网膜识别、虹膜识别和指纹识别等归为高级生物识别技术，将掌型识别、脸型识别、语音识别和签名识别等归为次级生物识别技术，将血管纹理识别、人体气味识别、DNA识别等归为“深奥的”生物识别技术。

### 5.3.4 安全路由

物联网的核心和基础仍然是互联网，用户端延伸和扩展到了任何物品与物品之间，进行信息交换和通信，也就是物物相息。而物与物之间需要一个中枢来将它们互联，这个中枢就是路由器，路由器是很重要的网络设备，一旦被攻击，可能导致网络瘫痪。因此，在物联网中可以采用安全路由技术，加强网络的安全性。

安全路由技术一般有以下几个特点：

(1)降低能耗；

(2)减少冗余信息；

(3)增加容错能力和鲁棒性；

(4)提高网络覆盖度；

(5)安全度高。

在理想情况下，人们总是希望能保证消息的机密性、真实性、完整性、新鲜性以及可用性。通过链路层加密可以阻止外部攻击者对网络的访问，从而保证消息的机密性、真实性和完整性。

对于内部攻击这个物联网网络安全的核心问题，通常希望能发现所有的内部攻击者并撤销它们的密钥，然而这未必可行。一种可行的方法就是设计适应这种攻击的路由机制，使得在部分节点被破解的情况下，网络只是在性能或功能上有一定的退化，但仍能继续工作。

### 5.3.5 入侵检测技术

入侵检测的任务是发现可疑攻击，采取相应的措施，使网络避免被攻击，从而有效减少经济损失。入侵检测系统根据所检测数据来源的不同，可以分为基于主机的入侵检测系统和基于网络的入侵检测系统。另外，根据检测能力，入侵检测方法又分为特征检测方法和异常检测方法。其中特征检测方法通过将事件和流量与已知攻击标志数据库相匹配，从而判断是否存在攻击行为，但是这种方法无法检测未知的攻击。另一方面，异常检测方法试图学习正常行为规律并将其他一切识别为异常或入侵。

入侵检测系统是一种监控系统，可检测可疑活动并在检测到这些活动时生成警报，它是一种软件应用程序，用于扫描网络或系统中的有害活动或违反政策的行为。任何恶意冒险或违规行为通常会被报告给管理员或使用安全信息和事件管理(Security Information and Event Management,SIEM)系统集中收集。SIEM 系统集成了来自多个来源的输出，并使用警报过滤技术来区分恶意活动和误报。入侵防御系统还监控入站系统的网络数据包，来检查其中涉及的恶意活动，并立即发送警告通知。

入侵检测技术的一般处理流程是：

首先，进行数据预处理。数据预处理是指在对数据进行主要的操作之前的一系列处理操作，既保证数据的完整性和准确性，也为后面对数据进行操作提供方便。包括数据标准化、特征编码、特征选择、采样技术等。

其次，用机器学习/深度学习等方法进行检测。

## 5.4 物联网隐私保护

### 5.4.1 物联网隐私安全威胁

1. 概述

近年来，物联网技术快速发展，其相关应用也逐步融入社会各方面，但随之而来的是物联网隐私安全威胁，这是因为与其他技术相比，物联网大多应用需要采集个人一些隐私信息，例如身份信息、位置信息、内容信息等。物联网包含的物体数量十分众多，建立的网络覆盖了社会生活方方面面，物联网设备数量庞大、类型复杂，个人隐私信息很容易被不法分子收集利用。

例如，一个由监控摄像头组成的物联网系统中往往能够实时获取监控画面的信息，这些信息会包含一些个人隐私信息，例如个人的图像、个人的行为等，如果这些信息被非法获得并非法利用，可能造成一些不可估量的不良影响和严重后果。

再比如一个由灯具和采暖设备组成的物联网系统中，为了实现更加智能、更舒适的环境灯光和温度控制，会在这个物联网系统中放入能够跟踪人员位置信息的设备，利用这些感知装置采集的数据对灯具和采暖装置进行自动控制，但这样往往会出现一些隐私安全威胁：①人员的位置隐私信息被收集，如果这些信息被非法收集和利用，就会侵犯到人员的个人隐私。②在这个物联网系统中，人员位置信息在收集和传输中可能被泄露。

因此，物联网面临的隐私安全威胁要解决的几个问题是：①如何分辨哪些个人信息是隐私信息，哪些信息可以被合法收集；②哪些机构和人员能够合法收集这些信息；③如何保护个人隐私信息不被非法获取和利用。

2. 物联网隐私威胁的分类

一般情况下，根据隐私威胁的对象可以将物联网隐私威胁分为身份隐私威胁、位置隐私威胁、内容隐私威胁。

(1)身份隐私威胁。身份隐私问题主要是指物联网中个人账户信息、身份信息等，在物联网数据收集、传递、分析和处理的过程中，如果造成个人身份隐私信息泄露或者被非法获取和利用，将会导致一系列的安全隐患，例如身份冒用、信息篡改、非法接入等。

(2)位置隐私威胁。位置隐私威胁主要指物联网中个人的位置信息、IP地址、家庭住址等各种位置信息隐私安全问题，这些信息如果被泄露或者被非法获取和利用，将会导致一系列的安全隐患。用户的位置信息会由于以下原因被窃取：①用户和服务提供商之间的通信线路遭受了攻击者的窃听；②服务提供商对用户的位置信息保护不力；③服务提供商和攻击者沆瀣一气，甚至服务提供商本身就是由攻击者伪装而成的。

(3)内容隐私威胁。内容隐私威胁一般指物联网系统在信息采集过程中对个人生活、工作内容的隐私信息进行收集的安全问题，例如商业机密、行为习惯、谈话内容等信息，一旦内容隐私被泄露或者非法获取和利用，产生的安全问题不容忽视。

3. 物联网隐私威胁分析

综上所述，物联网系统中涉及的隐私保护问题一般发生在感知层与处理层中，因此对这两层的安全问题进行详细分析。

(1)感知层的隐私安全分析。感知层面临的隐私安全挑战主要有以下几个方面：①感知层的网络节点被恶意控制(安全性全部丢失)；②感知层节点所感知的信息被非法获取(泄密)；③感知层的普通节点被恶意控制(密钥被控制者捕获)；④感知层的普通节点被非法捕获(节点的密钥没有被捕获，因此没有被控制)；⑤感知层的节点受到来自网络DoS的攻击。⑥接入物联网中的海量感知节点的标识、识别、认证和控制问题。

感知层通常需要对物体的数据进行感知、采集、分析、整理等处理，在这个过程中需要考虑数据的隐私保护问题，例如哪些是隐私数据，应该如何有效、安全采集数据，如何安全传输数据。物联网感知层通常采用传感器、射频技术等装置进行数据感知。

1)RFID系统的隐私安全问题。在RFID系统中，数据信息可能受到人为和自然原因的威胁，数据的安全性主要用来保护信息不被非授权的泄露和非授权的破坏，确保数据信息在存储、处理和传输过程中的安全和有效使用。RFID标签数据的安全性主要是要解决信息认证和数据加密的问题，以防止RFID系统非授权的访问，或企图跟踪、窃取甚至恶意篡改RFID电子标签信息的行为。

阅读器和电子标签之间的信息交互时，往往会包含标签中的个人隐私数据，当攻击者对标签进行攻击时，可能造成个人信息泄露。另外，在物联网时代，很多信息都是通过无线电波传输的，很多的智能产品信息都是通过无线电波传输，就会出现信息被窃听、窃取、拦截等危险。例如：在身份物联网系统中，攻击者利用节点之间的通信信号可以截获机密信息和隐私信息，同时也可以实现身份的伪造、冒用和篡改；如果系统中标签和阅读器被干扰和损坏，就会导致隐私信息泄露，严重时会产生一系列的安全问题。

2)传感器网络中的隐私安全问题。传感器网络是由传感器构成的网络,其主要功能是感知和检查外部世界,通常涉及数据感知、采集、分析、整理等数据处理过程,因此可能导致传感器网络节点被攻击、破解、篡改,也可能造成传感器被物理俘获和控制,从而造成传感器网络用户的个人隐私信息泄露和非法利用,例如用户的身份信息、位置信息、内容隐私信息等。传感器无时无刻不在收集大量数据,人与环境的各种信息都将被记录,因此传感器网络中数据安全性问题更加凸显,如何保护数据不被窃取将是一个重要挑战。

(2)物联网处理层隐私安全分析。物联网的目标是实现万物互联,因此需要处理大量的数据,在物联网信息处理的过程中,需要考虑信息隐私的安全性问题,这些隐私安全问题涉及数据的分析、查询、传输、挖掘等过程。

物联网能够利用全球定位系统或者电子地图对物体位置进行获取,这其中就涉及位置隐私信息,包括个人过去的位置和当下的位置信息。对这些位置隐私信息如何有效保护、合法获取和利用成为物联网隐私安全领域应该重点关注的问题。

物联网的发展,将网络连接和计算能力延伸到了计算机以外的物体、传感器和日常物品,使得这些设备可以在较少人类干预的情况下生成、交换和消耗数据。如今,物联网呈现出规模化(联网设备数量持续增多)、亲密性(可穿戴设备和植入人体的设备等)、无处不在、始终联网、智能化等发展趋势,这可能冲击个人隐私保护,使得个人可以被更容易地识别、追踪、画像和影响。

### 5.4.2 物联网隐私保护技术

近年来,很多学者对物联网隐私保护技术在理论层面和应用层面进行了深入研究,并取得大量的研究成果,目前物联网隐私保护技术较为成熟的主要是数据匿名化技术、数据加密技术和安全路由技术。

1.数据匿名化技术

该技术主要是在数据发布时根据某些限制不发布数据的某些域值,实现个人隐私数据的模糊化处理。

2.数据加密技术

为了保障数据隐私安全,在数据存储和传输过程中,通常会对数据进行加密处理,在进行数据交互和共享时,将数据中的敏感信息如个人身份信息进行脱敏或匿名化处理以进行加密监管。数据加密技术是指将一条信息经过加密钥匙及加密函数转换,变成无意义的密文,接收方将此密文经过解密函数、解密钥匙还原成明文。

3.安全路由技术

安全路由技术是一种根据无线传感器网络数据传输和自组织的特点对无线传感器网络中的关键节点进行隐私保护的技术。该技术通常采用随机路由策略的安全路由协议,实现物联网数据可以从源节点向汇聚节点传输,也可以实现转发节点将物联网数据原理汇聚节点进行传输,这样的随机性使得攻击者无法获取数据传输的准确方向。

综上所述,这几种隐私保护技术的典型应用和优缺点见表5-3。

**表5-3 物联网隐私保护技术分析**

| 方 法 | 典型应用 | 主要优点 | 主要缺点 |
| --- | --- | --- | --- |
| 数据匿名化技术 | 数据查询隐私保护 | 延时少,能量消耗低 | 有一定的数据损失,隐私保护程度不高 |
| | 数据挖掘隐私保护 | | |
| | LBS位置保护 | | |
| 数据加密技术 | RFID数据隐私保护 | 隐私保护程度高,数据完整性高 | 计算延时长,由计算复杂度引起的能量消耗高 |
| | WSN数据聚合隐私保护 | | |
| | 数据挖掘隐私保护 | | |
| 安全路由技术 | WSN位置隐私保护 | 数据完整性高 | 通信延时长,能量消耗高,隐私保护程度不高 |

### 5.4.3 物联网应用中隐私保护

1. 建立合理的物联网安全框架

要保障物联网数据的安全性和隐私保护,首先需要建立完善的物联网安全框架,确保设备和接口的安全和可靠性。在设计和部署物联网应用时,需要考虑数据的传输安全性和存储安全性,确保敏感数据不会被窃取或篡改。此外,还需要考虑如何保证物联网设备的认证和授权,以及如何预防设备被非法入侵或操纵。

2. 利用加密技术保护数据的传输和存储

为了保护数据的传输和存储,可以使用各种加密技术,例如SSL/TLS协议、AES加密算法等。这些技术可以在数据传输和存储过程中对数据进行加密和解密,从而确保数据的安全性。此外,还可以使用密码学技术设计合理的密钥管理方案,确保数据的加密和解密过程安全可靠。

3. 定期更新和升级设备和软件

物联网设备和软件的安全漏洞是导致数据泄露和损坏的主要原因之一。为了保证物联网数据的安全性和隐私保护,需要定期更新和升级设备和软件,从而修复已知的安全漏洞并提高系统的安全性。对于不再受支持的设备和软件,应及时淘汰并替换为更加安全可靠的产品。

4. 分层级别的访问控制

为了确保数据的隐私保护,需要在数据采集、传输、存储和访问等多个环节上采取相应的安全措施。其中,分层级别的访问控制是非常重要的一项安全措施。通过设置不同级别的访问权限和身份验证,可以有效地控制对数据的访问和使用。例如,可以只允许授权人员访问和修改敏感数据,以及设置审计和监控机制来发现和防范潜在的安全风险。

5. 加强人员安全意识培训

除了技术措施,加强人员安全意识培训也是确保物联网数据安全的重要手段之一。通过加强人员对安全漏洞的认知和防范意识，可以有效地减少由于人员操作不当导致的安全问题。此外，还需要建立应急响应机制，及时处理安全事件和漏洞。

总之，物联网技术的广泛应用给数据的安全性和隐私保护带来了新的挑战和机遇。通过建立合理的物联网安全框架、利用加密技术保护数据的传输和存储、定期更新和升级设备和软件、分层级别的访问控制以及加强员工安全意识培训等措施，可以有效地保障物联网数据的安全性和隐私保护，推进物联网技术的健康发展。

### 5.4.4 物联网隐私保护展望及挑战

目前，国内外学者对物联网安全的研究大部分是针对物联网的各个层次的，还没有形成完整统一的物联网安全体系。在感知层，感知设备类型众多，主要是进行加密和认证工作，利用认证机制避免标签和节点被非法访问。在传输层，主要研究节点到节点的机密性，利用节点与节点之间严格的认证，保证端到端的机密性，利用密钥相关的安全协议支持数据的安全传输。在应用层，目前主要的研究工作是数据库安全访问控制技术，但还需要研究其他的一些相关安全技术，如信息保护技术、信息取证技术、数据加密检索技术等。在物联网安全隐患中，用户隐私的泄露是危害用户的极大的安全隐患，所以在考虑对策时首先要对用户的隐私进行保护，主要通过加密和授权认证等方法。

传统互联网的安全性仍然是物联网发展的关键，但安全性远远不够。设计适当的认证、授权、计费、加密、入侵检测、软件签名和信任模型来保障在线设备之间的交互是非常重要的，比如智能烤箱、智能门锁这些智能家居设备，一个安全漏洞能够给用户带来很大的人身威胁。

物联网对个人隐私保护的挑战主要体现在五个方面：

第一，物联网跨越了不同部门和不同法域的监管界限。一方面，隐私立法倾向于按领域划分，例如医疗隐私、金融隐私、学生隐私等等，物联网设备和服务很难划入其中。另一方面，不同国家和地区可能针对物联网设备和服务制定不同的隐私立法，当数据收集和处理发生在不同法域时，将面临不同的监管。

第二，物联网增加了用户知情同意的难度。当物联网被部署在家里、零售商店、公共场所时，获得设备所有者以外的人的知情同意几乎是不可能的。IoT 设备提供给用户的交互界面既没有展示，也没有提供数据和功能控制选项。此外，人们可能意识不到 IoT 设备的存在，也没有能力退出被动的数据收集。

第三，可穿戴设备、智能家居等物联网应用模糊了私人空间和公共空间的边界。

第四，物联网设备的监测和记录功能往往是不透明的、隐秘的，不易被察觉。物联网设备和手表、音箱、电视等司空见惯的事物没什么区别，所以人们很难知道设备是不是在收集、处理数据。

第五，物联网挑战了隐私保护的透明度原则。例如，与网站、App 等不同的是，IoT 设备和服务可能无法向用户展示其隐私政策，也不能很好地告知用户其在收集数据。

物联网与云计算、人工智能等新兴技术的结合，将在很大程度上变革我们的经济和社会。技术带来了巨大的机遇，但也伴随着风险。人们需要采取适当的措施来确保物联网的好处远远超过其隐私、安全等风险。这需要政府、制造商、消费者等所有利益相关方的通力合作，确保以负责任的、可持续的方式发展物联网技术。

## 5.5 小　　结

物联网安全作为推进物联网应用的关键，在物联网的发展中起到了重要作用，本章较全面地介绍了物联网安全的概念及其相关技术。首先对物联网感知层、网络层、应用层中分别存在的安全问题进行了介绍，然后列举了目前物联网的安全体系结构并分析了物联网各层对应的信息安全技术，最后对物联网中隐私保护存在的问题和技术进行了介绍。通过本章的学习，读者应重点掌握以下知识点：

(1)物联网不同层存在的安全问题；

(2)物联网安全体系结构的框架；

(3)物联网信息安全技术的分类；

(4)物联网面临的隐私安全威胁；

(5)物联网中存在的隐私保护技术。

# 第6章　物联网典型民事应用

**本章目标**

(1)了解物联网典型民事应用。
(2)理解物联网在智慧农业中的应用。
(3)掌握物联网在智能交通中的应用。
(4)熟悉物联网在智能楼宇中的应用。
(5)了解物联网在智慧医疗中的应用。
(6)掌握物联网在智能电网中的应用。
(7)了解物联网在智能校园中的应用。
(8)了解物联网+新技术的应用。

由于物联网引领全球第三次信息化浪潮,物联网的应用无处不在,人们的生活也会因为物物相联而改变,不但感知中国,而且智慧地球。可见,应用是物联网发展的生命线。因此,本章将以物联网的民事应用为基础,介绍几种目前典型的物联网应用,具体包括物联网在智能农业中的应用、物联网在智能交通中的应用、物联网在智能楼宇中的应用、物联网在智慧医疗中的应用、物联网在智能电网中的应用、物联网在智能校园中的应用等。

## 6.1　物联网在智慧农业中的应用

物联网是国家五大新兴战略产业之一,而农业物联网是物联网最重要的组成部分之一。农业物联网主要是指以现代信息技术和信息系统为农业产、供、销来提供更加丰富有效的信息支持、海量的数据服务及科学的生产管理,并大大提高农业的综合生产力和经营管理效率。大力发展农业物联网,开展物联网平台建设是农业信息技术革命的必由之路。农业物联网应用可以帮助农民实现精细化管理和农业生产的智能化。通过在农田中部署传感器和监测设备,可以实时监测土壤湿度、温度、光照等环境指标,帮助农民合理调整灌溉和施肥措施,提高作物产量和质量。此外,农业物联网还可以用于远程监控农场的安全性和动物健康状况,提供预警和及时处理措施。

智慧农业技术架构根据物联网层次可分为四层：感知层、网络层、平台层、应用层。

感知层是指智慧农业中的感知环节，利用信息感知技术感知农业生产环境、动植物生命及质量安全与追溯。在种植业中，主要采集光照、温度、水分、肥力、气体等种植信息参数；在畜禽养殖业中，主要采集二氧化碳、氨气和二氧化硫等有害气体含量，空气尘埃、飞沫以及温湿度等环境参数；水产养殖业主要收集溶解氧、酸碱度、氨氮、电导率以及浊度等数据。

网络层使用信息传输技术，将传感器的数据通过 ZigBee、Wi-Fi、LoRa、NB-IoT 等无线通信技术传输到云平台。

平台层利用大数据、云计算、人工智能等技术对网络层传输过来的数据进行分析处理，并产生决策指令，从而在应用层控制设备进行自动化操作。

应用层包括智慧种植、智慧家畜养殖、智慧水产养殖、农产品溯源、智慧粮食存储等典型应用。

### 6.1.1　典型应用一：智能温室大棚系统

当前，我国日光温室和塑料大棚的面积超过百万公顷，并还在不断增加，这表明我国农业市场具有巨大的前景。农业物联网的发展，必将对经济和社会起到巨大的推动作用。

图 6-1 为一种农业物联网体系架构。首先，传感器节点分布在设定的范围内，进行组网。然后，传感器节点所携带的温湿度、光照强度、$CO_2$、土壤水分等传感器不断进行各种物理量的采集和处理。之后，传感器节点按照一定的规则对采集到的信息进行压缩，并传输至网关设备。最后，网关设备对数据进行协议转换并发送到远端的服务器；同时，任意终端用户通过远程访问服务器，得到所需要的各类信息。

图 6-1　农业物联网体系架构示意图

### 6.1.2　典型应用二：农资产品溯源系统

农资产品是指与农业生产有关的产品，不仅包含种子、农药和化肥，还包括农机具、农膜等其他农用生产资料。近年来，由于农资打假手段和监管能力的缺乏，出现了很多假劣农资损害农民利益的现象。因此，应用物联网技术建立一套农资产品溯源服务系统，对于促进农业生产、增加农民收入、保障粮食安全具有重要的现实意义。

图 6-2 为一种农资服务物联网平台架构，主要分为智能感知层、数据传输层、智能服务

层和应用层四个层次。

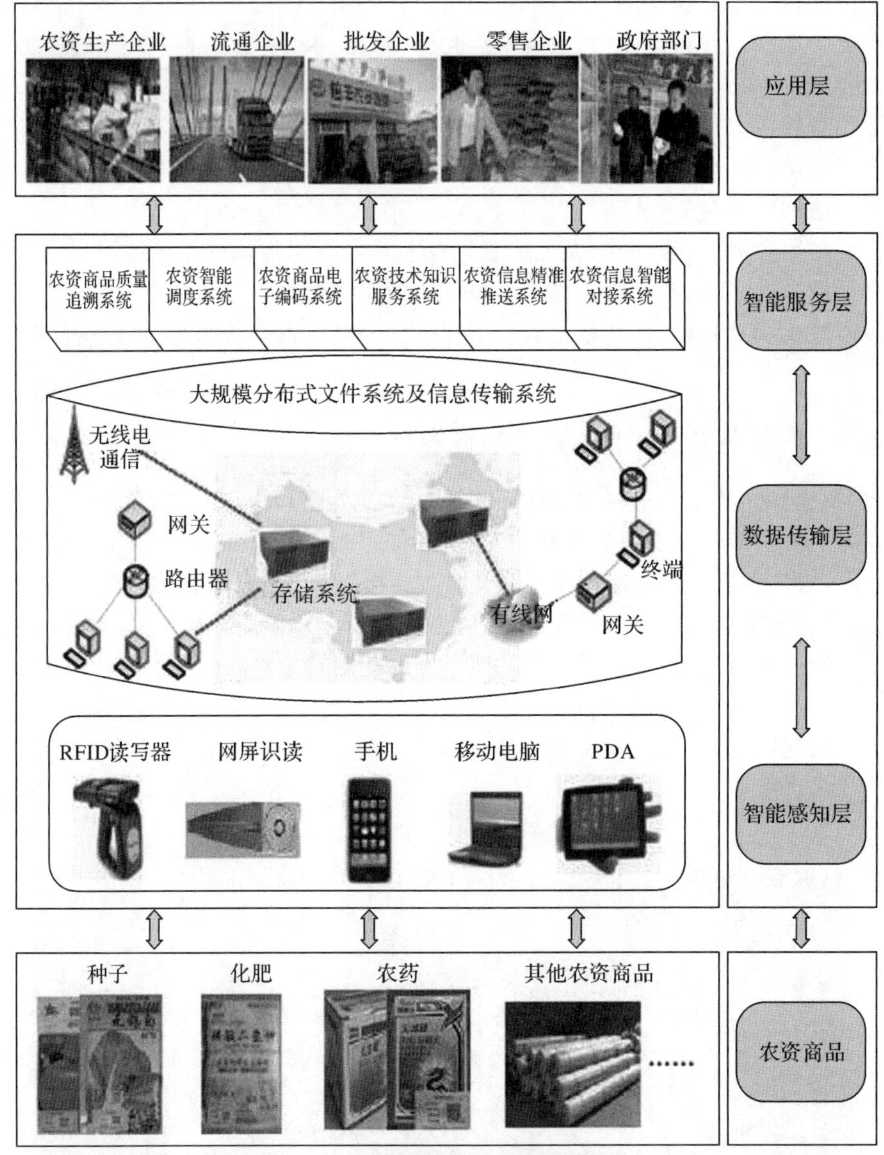


**图 6－2　农资服务物联网平台架构**

其中,农资溯源防伪系统的技术基础是高可靠的 RFID 电子标签及各类嵌入温湿度传感器,同时结合低成本二维码生成阅读技术。其中 RFID 标签采用 EPC 编码技术,物联网中编码要做到“一物一码”,不仅能实现对每一个物品的管理,而且还能实现对物品的实时追踪和信息属性查询。

以种子溯源防伪为例:首先生产厂家在种子出厂时便给每小包种子贴上二维码防伪标签,给大箱包装贴上 RFID 标签,在种子从运输到销售的整个过程中,通过各种传感器来实时监测,以此跟踪种子的生产、物流、仓储、批发及零售等各个环节,确保种子“来可追溯、去可跟踪、信息可保存、责任可追查、产品可召回”。

### 6.1.3　典型应用三:森林火灾盗伐预警系统

物联网森林火灾盗伐预警系统是地理信息系统的一种,它用到的技术包括传感器技术、卫星定位技术、地理信息定位技术、互联网技术和人工智能技术。对监测的森林片区实现数字化强、覆盖率高的、24 h 的火灾监控和盗伐监督。

物联网森林火灾盗伐预警系统具体功能为监测火情位置、火情面积、火情扩散速度、火情发展方向等,较之卫星林火检测系统可能获取更为全面的森林火灾预警信息。在防止盗砍盗伐方面也具有不可比拟的效率。此外,可以把带有身份识别和环境信息读取功能的电子标签植入到植物特定位置,通过阅读器识别信息并将数据传输到信息管理系统,以此实现对古树名木的全程追踪。

物联网森林火灾盗伐预警系统一般由火情监测传感器、基站网关和地理信息监控系统三部分组成。火情监测传感器对温度、温差、烟雾、火苗等环境数据进行初步处理,确定森林火灾的基本等级,通过其他火情监测传感器节点与基站网关建立联系,组成的网络或其他传输途径,向远端的监控系统软件终端报告。工作人员使用监控系统软件终端查看火情并及时处理。

### 6.1.4　典型应用四:物联网生猪养殖系统

如今生猪的种类和养殖方式比较多,任意一个环节监督管理不到位都会导致猪肉食品的安全问题。物联网生猪养殖系统就是为了记录生猪生长和发育的全过程信息,以保障食品安全。这样一来,从生猪出生、成长、防疫、喂养等信息就是监测的重点。

主要做法是给每头生猪戴上无源 UHF - RFID 电子耳标,以此记录生猪的基本信息,主要包括父/母系、出生日期、品种信息、出栏日期、检疫信息、用药信息等。在此养殖监控环节,将这些信息传送给安全监管系统,供以后的追溯、检验和监管使用。

## 6.2　物联网在智能交通中的应用

如今,城市交通问题不仅是我国城市发展中需要解决的问题,也是全世界城市发展的障碍。因此,越来越多的学者开始研究在城市交通中引入物联网的应用,他们认为不应该彻底改变和替代当前的城市交通系统,而是在当前的城市交通系统建设基础上,更深层次地推动现有交通系统的信息化、智能化发展,提高城市交通管理水平。智慧交通利用信息技术将人、车和路紧密地结合起来,改善交通运输环境、保障交通安全以及提高资源利用率。以图像识别技术为核心,综合利用射频技术、标签等手段,对交通流量、驾驶违章、行驶路线、牌号信息、道路的占有率、驾驶速度等数据进行自动采集和实时传送。该系统的形成,会给智慧交通领域带来极大的方便。

### 6.2.1　典型应用一:车载自组织网络

1. 车联网的定义

如图 6 - 3 所示,车联网(Vehicular Ad-Hoc Network,VANET)是物联网在智能交通领

域的典型应用,也是一种特殊的移动自组织网络,用于实现移动过程中车辆之间通信、车辆与路边基础设施之间通信,同时为车辆提供多种例如交通安全管理、事故告警、辅助驾驶、Internet 信息服务等方面的安全应用和商业应用。由于其预示的巨大价值,车联网的研究备受瞩目,该领域有许多已经完成和正在进行的项目。

车联网主要由车辆携带的车载单元(On Board Unit,OBU)、路边设置的路边单元(Roadside Unit,RSU)、控制服务中心以及个人携带的电子设备等部分组成。车联网中没有专门的固定基站或路由器作为网络的管理中心,各节点通过自己的路由功能传递路由信息并选择下一跳节点,实现各节点互联。由于车辆的高速移动会导致网络拓扑结构频繁变化,因此车联网路由技术决定着车联网的连通性和有效性。

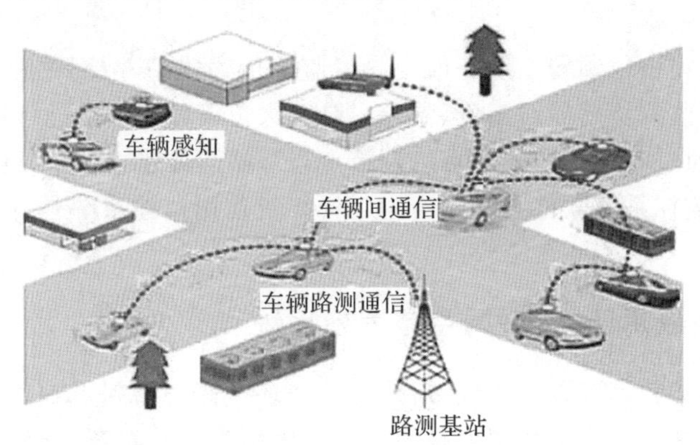


图 6-3 车联网示意图

2. 车联网发展现状

1939 年,由通用汽车公司创办的“未来世界展示”展览会上首次出现了道路自动化的基本概念,对通信与控制技术在交通系统的应用作出了初步预测,揭开了通信技术与交通系统融合的序幕;1970 年,美国提出了电子道路导航系统(ERGS);1973—1979 年间,日本通产省(MITI)进行了车辆间无线通信的研究,提出了汽车交通控制综合系统(CACS),制定了具有针对性的目标;1986 年,欧盟提出了欧洲安全交通项目(PROMETHEUS)框架,极大地推动了车辆及道路的信息和移动通信技术的发展;1992 年,美国材料与实验协会(ASTM)提出了专用短距离通信技术(DSRC),随后 DSRC 标准经过充分研究,被证实能够支持车辆稳定性控制(VSC)选择的大多数安全应用。

如今,各国都在车联网领域开展项目研究,例如美国的车路一体化(VII)和协作式路口避免碰撞系统(CICAS)项目、欧盟的智能交通安全的协助系统(COOPERS)和协作车辆-基础设施系统(CVIS)项目、日本的高级车辆安全(ASV-4)项目,以及中国提出的汽车数字化标准信源技术和智能交通系统(ITS)项目等,可谓百花齐放、百家争鸣。

3. 车联网应用前景

(1)车联网在民用交通方面的应用。通过协作通信,各节点可获得更广范围、更远视角的区域共享信息和安全预警信息,使得驾驶员能够及时发现安全威胁,采取相应措施,提高行车安全。例如:当前方车辆紧急制动的时候,电子制动警告(Electronic Brake Warning,

EBW)应用将会提醒后面车辆的驾驶员，采取措施防止追尾事故；当车辆闯红灯时，交叉路口违规警告(Intersection Violation Warning，IVW)应用将发出警告，IVW还可以主动预测红绿灯变换的时间，为驾驶员提前预警。EBW和IVW都是典型的车联网安全应用。另外，车联网安全应用还包括相向车辆警告(On-Coming Traffic Warning，OTW)、车辆稳定性警告(Vehicle Stability Warning，VSW)、车道上行人警告(Pedestrian in Roadway Warning，PRW)等。车联网提供的商业应用主要包括智能交通调度、电子收费和信息、娱乐服务等功能。通过智能交通调度，甚至有望解决交通拥堵和交通高峰期潮汐分流等问题。例如：不停车收费(ETC)、一键目的地导航、实时探测交通流量以避开拥堵等。这些应用为缓解甚至消除交通安全压力开辟了新的方向。

(2)车联网在军事交通方面的应用。随着新军事信息化变革和部队现代化发展，安全、智能、环保的车联网技术在军事交通运输领域同样有着广泛的应用途径。例如：作战车辆的智能自动驾驶，可以节约投入驾驶操作的人员战斗力；战场环境自动感知，行军路线智能安全导航；战场信息互通，为大范围掌握战略全局提供条件等。军用车联网区别于民用车联网的最显著特点主要表现在安全保密特性和专用的节点选择特性两个方面。这两点都必须有相应的路由技术作为保证，即如何在保证安全及隐私的前提下实现军队专用节点数据的多跳传输。因此，车联网路由的安全性是车联网成功应用于军事交通领域的先决条件，是满足军事需求、应用于战场环境的基本保证。

### 6.2.2　典型应用二：基于物联网的城市交通系统

1.需求分析

城市交通系统不是一个单纯的系统，而是一个复杂的综合性系统，它具有一定的开放性。城市交通系统依据不同的分类原则，可以分为不同的类型：根据其服务的对象，可以分为客运、货运两类；基于运载的工具，可以分为道路、航空、水运、轨道四类；还可分为公共交通与私人交通、机动车与非机动车交通等。物联网技术在城市交通中有着巨大的应用需求，具体包括：

(1)管理层需求。主要包括运行车辆实时信息需求、运营过程智能监管需求、智能安全管理需求、城市交通发展信息需求等。

(2)公众需求。主要包括公交线路信息查询、长途客运信息服务需求、信息发布需求、便捷支付交通费用需求。

2.基于物联网的城市交通系统

物联网技术在城市交通系统中应用，需要在综合分析城市交通物联网应用发展需求的基础上，借鉴城市智能交通系统的结构框架，重新整合城市交通系统结构，其提升了系统对“物”的信息采集能力，提升了系统服务的质量。

如图6-4所示，物联网在城市交通中的应用主要包括公共交通子系统、交通综合信息子系统、交通综合管理子系统以及交通综合收费子系统。

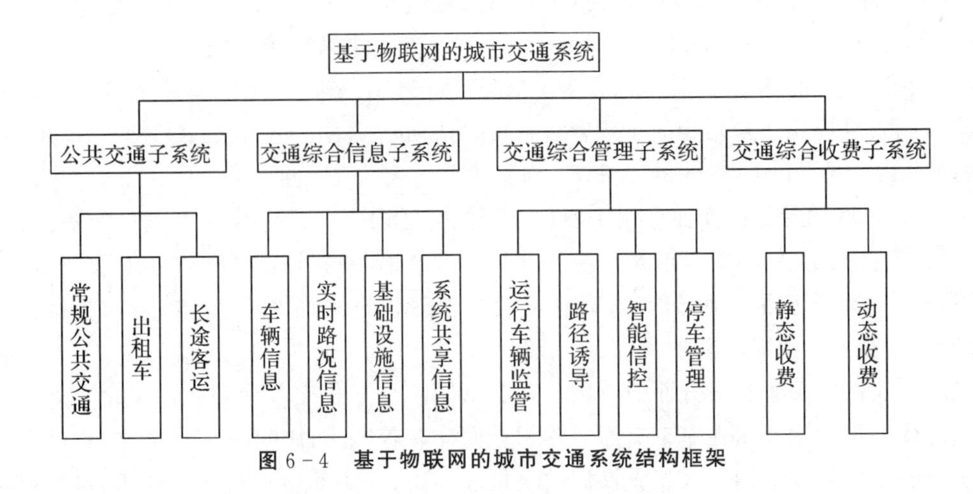


图 6-4 基于物联网的城市交通系统结构框架

### 6.2.3 典型应用三:停车管理与不停车收费系统

如今,世界各国都十分重视停车管理问题,主要做法是应用 RFID 等技术,借助电子标签的安装使用,不仅能为用户提供智能停车服务,还可以促进商场的营销,从而提高效益。

此外,我国在主要高速出入口设置了不停车收费 ETC 系统,日本在高速公路收费中引入 RFID 技术和传感器感知技术实现了不停车收费,不仅实现了减少行车的延误,还提升了收费站的收费效率和车道的通过能力。

## 6.3 物联网在智能楼宇中的应用

物联网在整个建筑中的应用系统,主要是提高生产力和效率。建筑是城市的基石,技术的进步促进了建筑的智能化发展。目前,智慧建筑主要体现在用电照明、消防监测、智慧电梯、楼宇监测以及运用于古建筑领域的白蚁监测。

### 6.3.1 典型应用一:智能家居

曾经,人们幻想这样一种生活方式:回到家中,空调已经把室内温度调节到想要的状态,空气湿度刚好合适,电灯亮度自动调节到适合的状态,热水器已经把洗澡水烧好,电视机开始播放自己喜欢的节目。当然,也就不会因为忘掉切断一些家电的电源而引发危险的事件发生,门窗检测、烟雾检测、煤气检测等装置可以保证家中的安全,我们可以随时通过互联网查询、设置家中电器和设备的状态。如图 6-5 所示,随着物联网技术和家居的结合,这种生活方式正在成为现实。

在国外,美国、欧洲、日韩等经济发达国家和地区先后提出了“智能住宅”的概念,这主要是由于国外住宅大多独立,因此强调住宅智能化。国外智能化住宅经历了住宅电子化(Home Electronics)、住宅自动化(House Automation)和“智慧屋(Wise Home)”“聪明屋(Smart Home)”三个阶段。

图6-5　智能家居示意图

### 6.3.2　典型应用二：智能建筑

物联网环境下的智慧建筑能够改善建筑的功能和环境，大大提高建筑管理的效率。在信息通信、安全防范、办公自动化、建筑设备自动化和高效管理等方面，智能建筑能够在节能降耗的基础上，提供安全、舒适、信息通畅的工作和生活环境。

智能建筑的安全性主要由安全防范等系统来实现。主要包括出入口控制系统、视频监控系统、防盗报警系统、火灾报警与消防联动系统、广播系统、停车场管理系统等。

人居的舒适性主要由楼宇设备自动化等系统来保证。包括供配电与照明系统、电梯、空调与供热系统、给排水系统、电视系统、背景音乐系统和多媒体音响控制系统等。

智能建筑的信息通畅主要由智能化信息系统来实现，包括综合布线系统、智能控制系统、通信网络系统、智能办公系统、物业管理系统等。

### 6.3.3　典型应用三：智能小区

智能小区，就是采用物联网、计算机控制、图像显示等技术，建立物业与安防、信息通信和智能家居管理等功能的一体化系统，在小区中实现家庭安防监控、照明、家电和电器远程控制以及实现家庭信息中心等智能化管理，打造出一个智慧社区，使小区管理者与每个家庭都有一个安全、舒适、温馨和便利的环境。同时，还可以在小区内进行资源共享和统一管理，以较低的成本为人们提供一个舒服、安全、可持续发展的生活环境。

## 6.4　物联网在智慧医疗中的应用

当前，医疗健康行业还存在信息化程度不高、人们看病难的问题，物联网这一工具在智慧医疗领域也有其重要的作用，主要体现在医药管理、医疗服务、医疗器械管理、血液管理、远程医疗与远程教育等多个方面。但同时，健康管理在我国还属于发展阶段，规模和体系尚未形成,还没有建立国民健康水平监测等基础数据库,没有数据库的支撑,有关健康评估、健康需求、健康管理模式和系统的理论框架等研究也就很少。

因此,智慧医疗系统是目前根据最新的信息化与现代医学技术的发展而提出的一种利用物联网技术来构建更为和谐的新型医疗系统。该系统的核心思路以患者为中心,实现信息的共享、流动与分析。通过物联网技术,建立整体资源共享,在医疗服务全环节中实现协同和整合,推动医院与患者资源的灵活流动和结构优化,有助于改变当前医疗困局。

## 6.4.1 典型应用一:医疗管理数字化

如图 6-6 所示,物联网对医疗管理的精确化、数字化和信息化具有很大的帮助。主要应用有查房、重症监护、人员定位以及无线上网等信息化服务。在传统工作模式下,医生或护士需要随身携带一大堆病历本,并以手写方式记录医嘱信息。这种手写方式记录的效率不高,偶尔还会出现误差和错误。通过物联网技术,医生可以通过随身携带的一个记录患者详细信息的终端,更加准确、及时、全面地了解患者的详细信息,并且根据进程不断更新患者的信息。

为了提高患者在医院的就诊效率,避免将看病的大部分时间浪费在各项检查的排队中,利用物联网技术可将患者的姓名、年龄、血型、病历、联系电话等基本信息保存在就诊卡中,结合叫号排队方式的优势,对患者进行人性化服务,就诊时只需在读卡器上一刷,个人信息一目了然,大大缩短就诊时间,提高就诊效率和医院的管理效率。

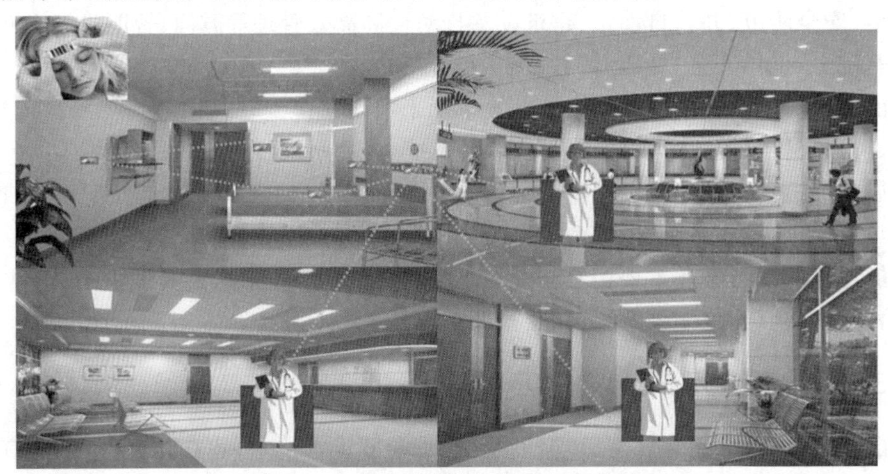

图 6-6 物联网在病人管理中的应用

此外,还可以给住院患者佩戴腕带式 RFID 标签,对患者的身体状况进行识别和监护,不断跟踪患者的身体恢复情况和患者所处的位置,为后续诊疗和监控病人位置提供方便。同时,RFID 标签还可以和生物传感器配合使用,以此来监测和记录患者的心跳、血压、心电等生命体征,医护人员因此可以实时掌握病人的生理指标变化,从而为后续治疗创造便利条件。

## 6.4.2 典型应用二:医疗垃圾管理

医疗废弃物的处理一直是一个棘手的问题,医疗垃圾具有放射性和传染性,若管理和处理不当,将会造成巨大的环境影响。可利用物联网 RFID 标签结合无线通信和卫星定位技术对医疗垃圾进行跟踪,确保其合理处理。主要做法是在医疗垃圾的纸箱和塑料容器上配备 RFID 标签,在垃圾处理车上安装 RFID 阅读器,同时在垃圾车上安装卫星定位设备和无线通信装置,这样就可以实时监控垃圾车的运行情况、医疗垃圾的处理情况,确保垃圾可以按照处理规定来处理,防止随意丢弃医疗垃圾。

### 6.4.3 典型应用三:数字远程医疗

基于物联网体系的智能健康管理以病人为中心,医生、护士、药品等医疗资源以病人为工作对象,大幅度提高了医疗服务质量和运营水平,提升了运营效率并降低了成本。

当前,以社区医院为中心的“医院－社区－家庭”健康管理模式正在不断建立,人们在家中可利用可视电话将生命体征数据采集后自动传给医生。医生在服务平台上为患者提供远程咨询服务和健康管理服务,还有预约挂号服务等。该模式的核心为一台支持可视电话的多功能生命体征采集仪,采集仪可以将血糖仪、血压计、体温计等医疗仪器终端采集到的人体体征数据自动传给社区医院,通过社区医生的统一监控,对超标体征数据进行判断,及时与住户通过可视电话进行联系。并且用户可以通过多功能采集仪登录到社区医疗服务平台,直接与在线家庭医生或社区服务中心医生进行视频通话,向医生咨询用药指导、饮食建议等。

## 6.5 物联网在智能电网中的应用

智慧电网也称“电网 2.0”,它是建立在集成的、高速双向通信网络的基础上,通过先进的传感和测量技术、先进的设备技术、先进的控制方法以及先进的决策支持系统技术的应用,实现电网的可靠、安全、经济、高效、环境友好和使用安全的目标。

当前,电力工业的发展面临着许多难题,例如传统能源日益匮乏、电网逐渐老化等,为了保证电力运送的可靠性和安全性,需要对电力技术进行革新,于是智能电网便应运而生了。如图 6－7 所示,主要包括电力基础设施的改进、新技术的运用以及市场模式的革新等方面。

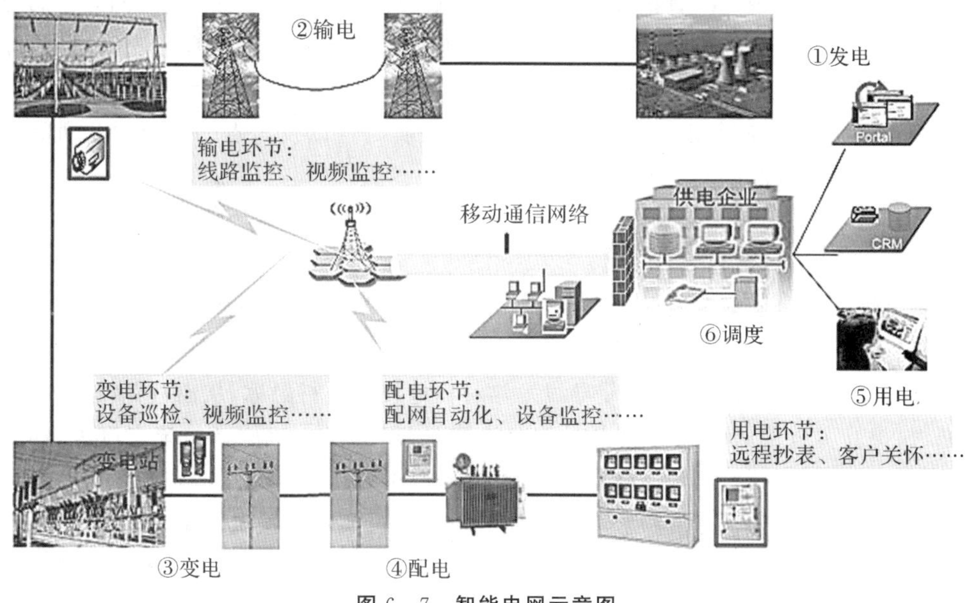


图 6－7　智能电网示意图

### 6.5.1 典型应用一:智能电表

智能电网与物联网有着千丝万缕的关系,无论是在技术方面还是在业务方面都需要物联网的支撑。因此基于物联网的智能电表可以很好地实现物联网与智能电网的结合,强有力地推动智能电网的发展。

电能表是最重要的电量计量仪表,已经遍布千家万户,其发展技术也在不断革新。从早期的感应式电表,到后来的电子式电表、多功能电表,以及目前的智能电表,电表技术随着信息技术和传感器技术的不断发展而进步,目前已经具备了自动抄表、负荷管理、通信和数据处理功能。

### 6.5.2 典型应用二:变电设备在线监测系统

随着我国电力系统的飞速发展以及我国智能电网的提出,对智能电网的综合在线监测和故障诊断技术需求越来越迫切,在发电、输电、配电、用电的各个环节应用智能设备和现代在线监测技术已成为未来电网发展研究的热点。

变电设备是变电站乃至电网的基本单元,变电设备智能化是智能电网的重要组成部分。建设智能变电站是全力建设智能电网的前提。智能变电站要求自动采集变电站内变电设备的状态信息并在线分析,进而实现状态可视,根据采集的设备参数确定设备的运行状态,并通过评估、分析,确定设备故障类型并采取相应的紧急措施,推动变电站的智能化建设。上述工作的重中之重就是变电设备在线监测系统的应用,故智能变电站的建设更需要在线监测技术的支持。

近年来物联网技术迅猛发展,作为新时代的通信手段,物联网技术在变电设备在线监测中的应用越来越迫切。在目前全国已经开展的智能变电站、电力光纤到户和智能用电等二批智能电网试点工作中可以看出,国家电网公司也高度重视物联网在智能电网方面的应用。物联网在智能电网中的应用前景广阔,无论是输电线路在线监测还是智能变电站或者配电自动化等,都需要用物联网技术进行数据通信。物联网技术可以协助实现电力设备的有效管理和全方位防护,提高所采集信息传输的可靠性、实时性以及与省网公司的互动部署等,通过技术手段满足智能电网的发展需求。

### 6.5.3 典型应用三:直流融冰

直流融冰项目是国家电网公司根据 2008 年初电网冰灾确立的项目,由中国电力科学研究院、湖南省电力试验研究院承担完成。直流融冰主要通过对输电线路施加直流电压并在输电线路直流线路末端进行短路,使导线发热对输电线路进行融冰,从而避免线路因结冰而倒杆断线,提高了电网对极端气候、重大自然灾害的抵御能力,克服了传统交流短路融冰法的局限,是一种切实可行、经济有效的防冰灾措施。

在直流融冰项目中,通过应用物联网传感器技术,可实现对输电线路及电力设备的各种参数自动远程检测,根据远程检测结果决定是否启动直流融冰。同时,在融冰过程中,也通过物联网传感器以及移动通信网技术来实现实时参数检测。

## 6.6　物联网在智能校园中的应用

智能校园，是在校园互联网发展和应用日益普及的基础上提出的更加信息化、数字化、智能化的发展方向。智能校园对人们提出了和智慧地球同样的“任何人、任何时间、任何地点”的沟通需求。当前的传统校园互联网是，基于光纤通信的内部专用校园应用平台和外部公共互联网，主要用于校园网站、校园各种应用系统和师生访问公共互联网。随着物联网的日益发展，传统校园网的功能已经远远满足不了人们对信息化的依赖需求。对此，应整合利用物联网射频识别技术、庞大的校园互联网和信息资源以及目前先进的传输网络和智能终端，组建新型智能综合服务信息网络，满足师生日常门禁、考勤、图书借阅、会议签到、电子钱包、校园外围商家联盟的消费等，实现真正的无纸化、系统化、智能化。

### 6.6.1　典型应用一：智能图书馆

随着图书馆数字化、信息化的需求不断提高，世界各国都开始研究智能图书馆建设，其核心思想是利用 RFID 技术在门禁系统、柜台工作站、自助借还书服务、书架管理、自动化分拣、盘点作业、图书防盗等领域进行应用，主要包括：

(1)标签的应用：通过引入 RFID 标签可以批量处理对图书的识别，改变传统借书和还书过程中烦琐的消磁和补磁环节。

(2)图书定位的应用：通过在图书馆内安装定点阅读器，可以方便地获得相关图书的方位信息，为学生和图书管理员查找图书带来了便利。

(3)借阅的应用：通过引入物联网 RFID 技术，学生可以借助自助借还书系统轻松地完成借还书操作。

(4)借书证的应用：区别于以往的借书证，通过 RFID - SIM 一卡通的使用，为数字化校园建设奠定基础。

### 6.6.2　典型应用二：校园 RFID 手机

手机 RFID 技术是将 3G 或 4G 手机 UIM 卡与 RFID 芯片集成在一起，具备综合信息服务功能。智能校园的手机 RFID 技术应用方面的主要功能有电子交易、身份认证、自助服务、卡务管理等。

(1)电子交易功能：电子交易是在校园内、外部通过手机刷卡方式进行的各类消费活动。在校老师、工作人员和学生利用具备校园综合服务功能的手机终端，在校园指定 POS 终端刷卡消费，完成消费和扣款功能。

(2)身份认证功能：该功能主要对在校师生的身份进行识别和认证，应用于图书馆、机房等需要身份认证的场所。在校师生利用具有 RFID 功能的移动手机，在身份认证终端上刷卡，实现识别、认证其身份，判断其身份的合法性。

(3)自助服务功能：在校师生可以通过自助服务功能实现账户信息查询、自助圈存、银行自动转账等服务。

(4)卡务管理中心：通过智能校园卡务管理系统来实现卡务管理中心的所有功能，卡务管理中心的主要功能是负责账户信息管理、商户信息管理、卡片信息管理、查询检索统计以及补助管理;卡务结算中心负责对学校、银行、持卡人在卡务管理系统中的账目和资金进行管理,实现对持卡人的账户管理,银行圈存对账与圈存补账,系统综合财务报表,生活和教学补助的分配、发放与管理,卡信息注销,卡业务清算,现金充值,提供数据报表等功能。

### 6.6.3 典型应用三:校园自行车管理

校园自行车的安全管理也是当前各大高校面临的共同问题。利用物联网技术为每辆自行车分配一个独特的标签号码,并在自行车停车位上设置控制开锁和解锁的控制器。当自行车用户取车时,需要在自行车控制器处刷卡解锁。与此同时,相关用户信息将被传输到管理中心。这样,在自行车管理的调度、查询、使用登记情况上可大大提高工作效率,这与当前的共享单车应用很相似。

## 6.7 物联网+新技术的应用

物联网的兴起是信息技术高速发展的必然,是互联网发展到一定阶段的产物。物联网的核心点是把物联到网络上,形成一个庞大、智能的网络,所有的物品都能够远程感知以及远程控制。物联网发展的下一步是继续加强与区块链、人工智能、可穿戴设备、AR/VR、机器人、无人机、3D打印等的结合,实现物联网+。下面介绍几种热门的物联网+。

### 6.7.1 典型应用一:物联网+区块链

随着物联网的发展,我们进入了大数据时代。可以说,数据之于物联网相当于流量之于互联网,数据间进行交易和共享,是市场发展的必然趋势,只有通过数据多维度的融合,才能发挥数据的最大价值。但目前数据都是孤岛,大多数企业不愿意将自己的数据通过交易中心进行交易,这主要在于利益以及将来可能发生的关于利益分配的纠纷,因此急需一套安全、可信度高又可以开放共享的数据管理方法。

这时候,区块链提供了新的思路。区块链是一种分布式加密数字分类技术,非常适合记录物联网机器之间发生的海量交易的详细信息。得益于区块链的交易共享性和不可篡改性,去中心化的价值传递将给物联网服务带来变革式的提升。面对未来IoT设备规模的爆发增长,应用区块链技术有望改善物联网平台的如下痛点:

(1)降低交易前的验证成本:利用区块链系统下记录的不可篡改的优势,平台上的用户和设备不需要验证双方信息,只需要在交易时判断对方给予的条件与先前是否不同。

(2)降低运营管理成本:利用区块链点对点网络技术,每个节点作为对等节点,整个物联网解决方案不需要引入大型数据中心进行数据同步和管理控制,从而降低了数据通信和处理的成本。

(3)保护数据安全与隐私:区块链记录提供安全性,记录的副本在大量分布的物理位置和逻辑位置,没有一方拥有对其进行操作的集中控制能力。

(4)方便可靠的费用结算和支付:通过使用区块链技术,不同所有者的物联网设备可以直接通过加密协议传输数据,且可以把数据传输按照交易进行计费结算,这就需要在物联网区块链中设计一种加密“数字货币”作为交易结算的基础单位，所有的物联网设备提供商只要在出厂之前给设备加入区块链的支持，就可以在全网范围内各个不同的运营商之间进行直接的货币结算。

### 6.7.2　典型应用二：物联网＋人工智能

随着人工智能底层技术的迅速发展，现在智能机器已经实现“从认识物理世界”到“个性化场景落地”的跨越。人工智能与物联网结合将逐渐深入各行各业并引起革命性变革，AI在科技和烦琐的工程中能够代替人类进行各种技术工作和部分脑力劳动，由此造成了现在已形成的社会结构的剧烈变化。

人工智能负责识别、感知和处理，物联网则负责物物相连。目前，物联网行业已初步形成云—管—端三个层次。其中，端指各类智能硬件，如智能手机、智能音箱、智能汽车等；管指连接管理平台；云则包括基础设施服务、平台服务、软件服务、第三方服务等。随着和人工智能的深度融合，未来物联网将呈现如下功能：

(1)边缘智能：终端在断网离线的情况下，也可以进行智能决策。当需要对数据进行实时处理时，可以迅速产生行动应对突发状况。

(2)互联驱动：当智能产品处于“组网”的状态时，产品与产品之间能够实现不需要人为干预的智能协同。

(3)云端升级：当智能产品处于“联网”状态时，云端的人工智能可以更好地挖掘和发挥边缘硬件的价值，让智能产品发挥更大的功效。有了边缘智能的辅助，云端智能完成进一步的数据整合，创造系统与系统之间互相协同的最大价值。

设想在没有人工智能的情况下，物联网将是数以亿计的智能终端，不断地采集海量的数据，通过网络输送至后台，借助强大的服务器对数据和信息进行分析。如果后台数据的处理速度和准确度无法跟上终端数据的采集速度，后果将会是灾难性的，波及范围将从小到家用电器之间不能互相通信，大到危及生命——心脏起搏器失灵或上百辆车连环相撞。

### 6.7.3　典型应用三：物联网＋AR

将AR技术融入物联网中，可以使信息的呈现及交互方式更加便利、直观，交互界面更加友好。我们就能随时随地直观、方便、快捷地查看物体对象的运行状态、性能和各项重要参数。感知的数据可通过物联网反馈到后台，通过数据挖掘，可以让产品不断地优化和完善，为客户带来更好的体验。目前，已经有了如下应用：

(1)飞机的制造和维修：众所周知，飞机中有巨量复杂的电子线路及元件，如果不用AR技术，工程师需要对照功能手册一个个处理，会耗费工程师大量精力和时间，效率低且严重耽误工期。据报道，波音公司自从使用Google眼镜后，效率提升了25%，出错率降低了50%。

(2)非现场远程操作功能：针对一些危险、人不在现场或不适合人类现场操作的环境，实现安全的远程操作，如核电站海底、外星球等。通过物联网采集现场数据参数，并传到中央控制中心，中央控制中心结合现场影像和数据并进行AR 3D呈现，机器人、工程师可以完成远程交互、监测、操作控制。

(3)机械设备的监测和诊断:AR设备可以帮助工程师在机械车间内看到设备的各项参数。如中海油公司的AR设备巡检方案,在巡检过程中,操作人员可根据AR眼镜的指示,规范化完成巡检工作。同时,AR眼镜将数据可视化后,通过与其他联网设备互联,操作人员将第一时间了解设备运行情况,提高巡检效率。

(4)智慧城市基础设施维护:城市的大多数基础设施位于室外并且人们难以进入该区域,AR可以为公安机关对城市的监督提供便利,为政府部门对水、电、暖等市政设施的监控提供便利,从实时数据可视化中定位故障点,轻松地记录基础设施的状态。

## 6.8 小　　结

物联网以移动技术为特征,通过智能感知、识别技术、普适计算、泛在网络的融合应用,使物联网成为继计算机技术、互联网技术之后的信息技术的第三次革命。物联网可以看作互联网技术的应用拓展,应用创新是物联网技术的发展核心。物联网是泛在网的起点,是信息化与工业化融合的切入点,在今后社会经济的发展中,物联网将对加快转变经济发展方式起到重要的作用,物联网技术与产业必将成为国际竞争的新热点。本章围绕物联网的民事应用进行了阐述,重点分析了物联网在智能农业中的应用、物联网在智能交通中的应用、物联网在智能楼宇中的应用、物联网在智慧医疗中的应用、物联网在智能电网中的应用、物联网在智能校园中的应用,并选取一些经典应用进行了解读与分析。本章的目的在于使读者了解物联网的相关应用,为下一步物联网应用系统的开发提供参考。

# 第7章　物联网典型军事应用

**本章目标**

(1)了解物联网典型军事应用。

(2)掌握军事物联网的概念。

(3)了解俄乌冲突中军事物联网的典型应用。

(4)了解物联网在军事应用中面临的问题。

## 7.1　军事物联网概述

物联网技术作为新一代信息技术的典型代表,不但在民事领域有着不可替代的作用,而且引导着军事领域的一系列重大变革。自20世纪90年代以来,人类社会战争经过徒手作战、冷兵器战争、热兵器战争、机械化战争后,已经进入信息化战争时代。海湾战争信息化武器装备只占8%,科索沃战争占35%,阿富汗战争占56%左右,而伊拉克战争则达90%以上,2011年利比亚战争、叙利亚战争和2022年开始的俄乌冲突更是信息体系融合时期的信息化战争,体现为海陆空天多维兵种信息的融合,进行信息、心理全方面对抗。因此,世界新军事变革从自发走向自觉,已经进入信息化战争时代。

可见,21世纪的战争是以信息为主导、以信息化武器精确打击和信息战为特征的战争。信息优势是现代战争制胜的先决条件,从而使得在战争态势决策的每一个环节对信息感知和数据交换的需求都有了前所未有的增长。物联网作为信息技术的第三次浪潮,它不仅使"感知中国"成为可能,而且它的许多优势能够实现许多军事需求,特别是在军事信息的获取、传输等方面。

### 7.1.1　军事物联网的定义

用于军事领域的物联网称为军事物联网。它是指把军事实物通过各种军事信息传感系统,与军事信息网络连接起来,进行军事信息交换和通信,实现智能化识别、定位、监控和管理的一种网络。从概念上讲,军事物联网从属于网络,它联结的是军事领域物与物、物与人、人与人的各种军事要素。每个军事要素(如单兵、武器装备和相关物资)都是一个网络节点,具有感知、定位、跟踪、识别,静态图像与动态视频传输以及智能管理和控制等功能,是实现人与信息化武器装备、设备、设施最佳结合的重要支撑手段。也可以说,军事物联网是一种在网络架构上具有抗干扰、数字化、加密传送特征的特殊物联网。作为物联网的一个新分支,军事物联网不仅可以支持内部网,而且能有条件地支持互联网。

### 7.1.2 物联网的军事应用领域

通过应用需求分析,我们可以总结出物联网在军事方面的主要应用领域,即战场感知精确化、武器装备智能化、综合保障灵敏化。

战场感知精确化就是建立战场"从传感器到射手"的自动感知→数据传输→指挥决策→火力控制→信息反馈的全要素、全过程综合信息链。从而对敌方兵力部署、武器配置、运动状态的侦察和作战地形、防卫设施等环境进行勘察,对己方阵地防护和部队动态等战场信息进行实时感知,以及对大型武器平台、各种兵力兵器的联合协同和批次使用等实施全面、精确、有效的控制。

武器装备智能化就是建立联合战场军事装备、武器平台和军用运载平台感知控制网络系统,动态地感知和实时统计分析军事装备、运载平台等聚集位置、作业、损毁、维修和报废等全寿命周期状态。另外,还包括研制和建立各类移动的军事感知监控网络,在各类军用车辆、车载武器平台及飞机、舰船等加装单项或综合传感器,以构建统一的"装备卡"识别体系。

综合保障灵敏化就是建立"从散兵坑到生产线"的保障需求、军用物资筹划与生产感知控制,以及"从生产线到散兵坑"的物流配送感知控制,以有效地实施作战保障力量适时、适地、适量的综合运用与智能感知动态管控。建立以军事物联网技术为基础的物资在储、在运和在用状态自动感知与智能控制信息系统,可在各类军用物资上附加统一的相关信息电子标签,通过读写器自动识别和定位分类,以实施快速收发作业,并实现从生产线、仓库到散兵线的全程动态监控。

物联网从战场感知精确化、武器装备智能化和综合保障灵敏化三个方面呈现了未来作战的基本图架。通过物联网可以努力做到"知己知彼",破除"战争迷雾",努力做到"以人为本",以较少的"人员伤亡"努力做到合理保障,消除保障过剩和紧缺等问题。

### 7.1.3 军事物联网的主要特点

军事物联网作为新一代信息技术,有着与生俱来的优势和特点,军事物联网的特点主要如下。

1.全面化

军事信息网强调的是信息,而军事物联网强调的不仅仅是信息,还包括信息的生产者(感知层)、传输者(网络层)、消费者(应用层),此三者作为物联网中的物质实体紧密联系。军事物联网是物体(武器、战场、环境、物资等)、神经(网络、信息)及其与人的相互作用(意识、态势感知与理解、决策等)的集大成者,我们可以尝试从广义的角度对其进行理解:军事物联网连接的是物质实体,其出发点(感知)和落脚点(应用)也是物质的,而其间的联系(网络)是通过信息传递的,因此,广义的军事物联网是包含了和军事相关的一切物质和信息的网络。从军事物联网角度来理解军事,将比以往各种描述更加全面而深刻。

2. 体系化

未来战争不仅仅是人与人、武器与武器、通信系统、侦察系统、C4ISR 系统等的对抗，取得战争的主导地位将在很大程度上取决于体系对抗能力。体系能力不仅包含人、武器、系统等军事要素，还包含其间的联系、统筹、规划、协作、运筹，也即从系统或要素间的协同进化到系统之系统（System of System）。这种系统之系统化的军事体系，在军事物联网中纵向延伸到人、武器、系统等实体要素；横向包括战场环境、武器装备、军事物资、后勤保障等系统要素；体系前端深入现实战场及其伴随保障，后端融入国防力量建设；信息在体系中可以从物物相连的末梢神经融入到智能化的神经网络，进而可为整个体系所共享。

3. 智能化

军事物联网的智能化体现在如下三个层次。

第一，人的层面体现为替代化。物对于人的替代体现为物联网中智能化的物，在战争中替代人来观察、感知、思考，具备一定的理解、决策和行动能力，高度智能化的物在一定层次上是可以替代人类的。另外，通过物联网还可以实现远程临境替代，突破时空维度限制的远程临境技术可以使各级指挥员具备共享战场态势的条件。

第二，武器的层面体现为协同化。在需要横向组网的武器系统之间建立信息共享化平台，可以最大程度上提高武器平台的协同作战效能。将其共享信息融入网络，按层级传递至需要协同的其余平台或者系统。例如，美军的联合战术信息分发系统及其数据链。

第三，信息的层面体现为层级化。军事物联网中的信息是分层级处理与传递的。联合作战中，感知系统、指挥控制系统、武器系统越来越复杂，陆海空天军的作战部队、舰船、飞机等作战单元之间需要传输大量的感知信息和交战指令，这些信息需要分层次地传递至各级指挥员，各自实现快速感知、理解、决策行动。使适当的信息在适当的时空，通过适当的方式，传递至适当的人。建立在协同感知基础上的分层处理、分层传递、分层理解、协同行动，就像人类的神经系统一样，末梢神经、脊柱神经和脑具有不同层次的功能，整体上能够协调人类的思维与动作。例如，C4ISR 系统通过自身的通信网络，可以支持作战中指挥控制的需求。但是，当面对一些需要快速反应、实时处理的威胁和目标时，仅仅依靠其网络是不够的，需要借助一些特殊的通信手段（例如数据链）将整个战场的战术图像绘制并呈现在需要理解并决策的战场指挥员面前，在这一信息层面上实施指挥控制。

## 7.2　物联网典型军事应用

### 7.2.1　物联网军事应用的萌芽——敌我识别器

实际上，RFID 技术的运用历史最早可以追溯到第二次世界大战。当时欧洲各国都在使用雷达这项新技术来预警正在接近的飞行目标，如图 7－1 所示。但雷达有一个致命弱点，就是无法分辨敌我双方的飞机。德国人发现当他们在返回基地的时候如果拉起飞机将会改变雷达反射回的信号形状，从而与敌军进攻的飞机加以区别，这可以说是最早的被动式 RFID 系统。此时，也开始对飞机的敌我识别器进行研发。这种敌我识别器被安装在飞机上，当接收到雷达信号以后，该设备便会主动广播某个特定信号返回给雷达，从而区分敌我双方的飞机。敌我识别器技术可以看作 RFID 技术的萌芽，随着大规模集成电路、可编程存储器、微处理器以及软件技术和编程语言的发展，RFID 技术开始逐渐推广和部署在民用领域。

图 7-1　敌我识别器示意图

## 7.2.2　物联网军事应用的开始——胡志明小道

军事物联网在战场上的最早应用，可以追溯到 20 世纪 60 年代的越南战争，美军使用无人值守的震动传感器“热带树”监听“胡志明小道”上来往的车辆。当年“胡志明小道”是胡志明部队向南方游击队输送物资的一条秘密通道，美军曾经绞尽脑汁动用航空兵进行狂轰滥炸，但效果不大。后来，美军采用了“热带树”方案，当人员、车辆等目标在其附近行进时，隐藏在“热带树”上的传感器便能探测到目标产生的震动和声响信息，并立即将数据通过无线电发给指挥中心。指挥管理中心对信息数据进行处理后，得到行进人员、车辆的位置、规模和行进方向等信息，然后指挥空中战机实施轰炸，取得了很好的战果。“胡志明小道”与热带树传感器示意图如图 7-2 所示。

图 7-2　胡志明小道与热带树传感器示意图

### 7.2.3　美军“沙地直线”

2002 年，美军在俄亥俄州大规模试验了“沙地直线”项目系统，也就是基于军事物联网地面战场的无线传感器网络，能够检测和区别出不同类型的入侵目标（如徒手人员、携带兵器的士兵、坦克车辆等）。如图 7－3 所示，部署的传感器网络中，红色的连线和箭头表示无线通信的传输路线。主要解决对地面战场目标的探测、分类和跟踪问题。由于战场环境复杂，传感器节点必须进行封装，以便于保护精密电子元器件。

另外，2003 年，以美军为首的联合国维和部队进入伊拉克，综合使用了间谍卫星和微型感应的传感器网络，对伊拉克的空气、水和土壤进行连续不断的监测，以确定伊拉克有无违反国际公约的核武器和生化武器。

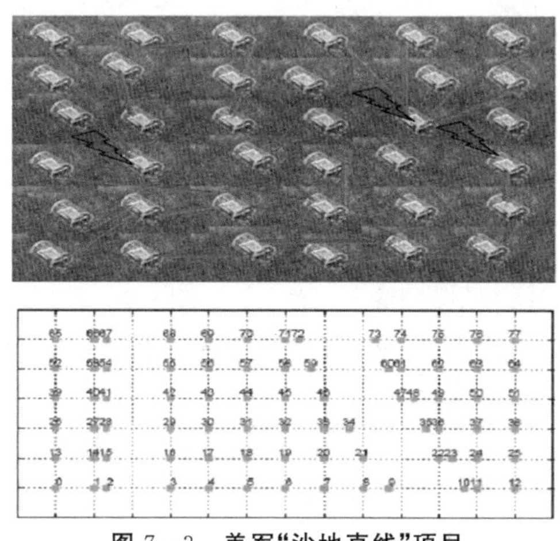

图 7－3　美军“沙地直线”项目

### 7.2.4　枪声定位系统与战场警戒

外军装备的枪声定位系统，用于打击恐怖分子和战场上的狙击手。如图 7－4 所示，由部署在道路或街道两侧的声响传感器检测轻武器射击时产生的枪口爆炸波，以及子弹飞行时产生的震动冲击波，通过传感器网络传送给附近的计算机，计算出射手的坐标位置。

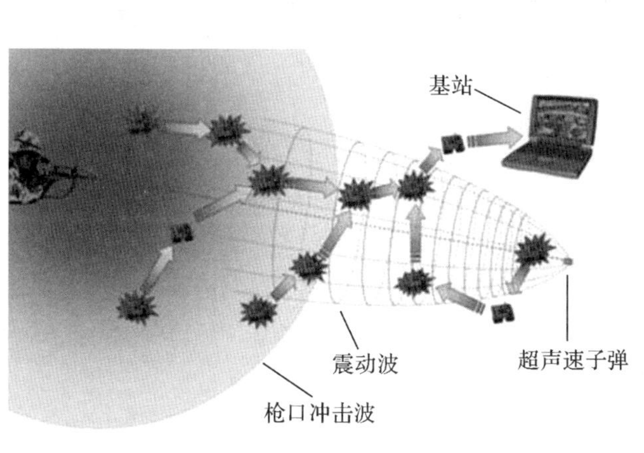

图 7－4　枪声定位反恐装备

在以美军为典型代表的未来战斗系统中，如图 7-5 所示，通过布置在道路两侧的传感器网络探测出通行的车辆目标信号，传输给士兵的手持终端设备，实现战场警戒功能。

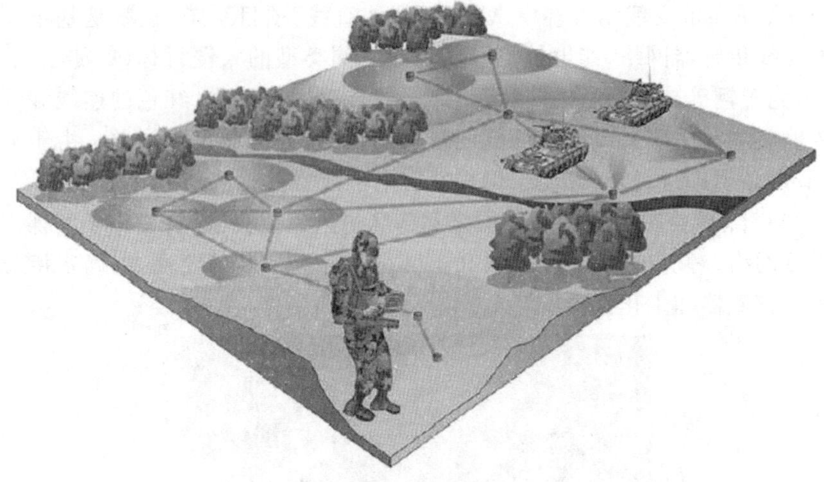

图 7-5　战场警戒

### 7.2.5　智慧营区

根据数字化智能营区建设要求，结合现代战争作战指挥要求和信息技术发展需求，以军事训练和作战任务需求为牵引，如图 7-6 所示，可以充分利用物联网、互联网多手段的指挥调度技术，将营区内的情况进行统一呈现和管理，建成集作战指挥、教育训练、日常战备、应对突发于一体，具有高技术含量、智能化管理的综合指挥系统，以满足首长、机关完成作战指挥、反恐维稳、抢险救灾等任务时提供信息化保障的要求。

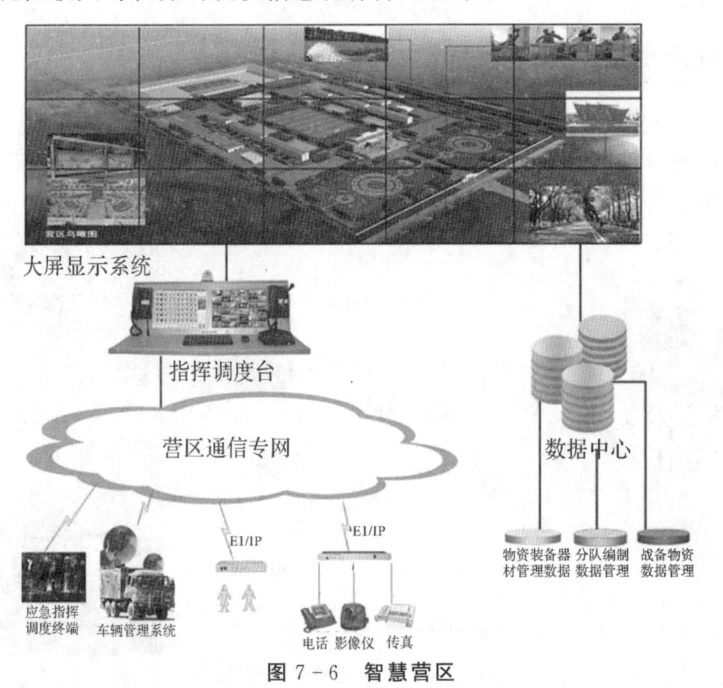


图 7-6　智慧营区

### 7.2.6　枪支管理系统

枪械管理系统是利用 RFID 射频识别技术实现对枪支的自动识别和信息化管理的系统。如图 7－7 所示，该系统能提供一个对军队枪支的库存、出入库、使用时的自动识别、智能管理的数字化平台，能有效、准确、智能地对进出库房的枪支进行信息自动识别、采集、记录、上传，以及对枪支的维护信息进行快速查询、统计，从而建立起军队枪支管理的数字化信息管理系统，大大提高了枪支管理的信息化水平。

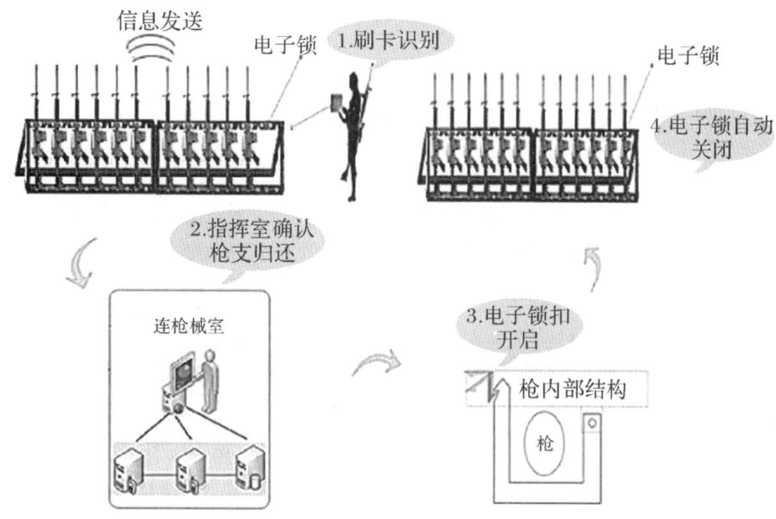


图 7－7　枪支管理系统

### 7.2.7　多功能监狱实时监管

如图 7－8 所示，利用物联网技术，可实现多功能监狱实时监管。主要功能包括视频监控、服刑人员的实时定位、越界(危险区域)报警、实时统计、定时点名、进出监舍统计、重点人员行动跟踪、轨迹回放、干警巡更、警力分布、干警狱内超时报警定位、干警进出监狱所有门的控制及外来人员(车辆)在规定的区域内定位等。

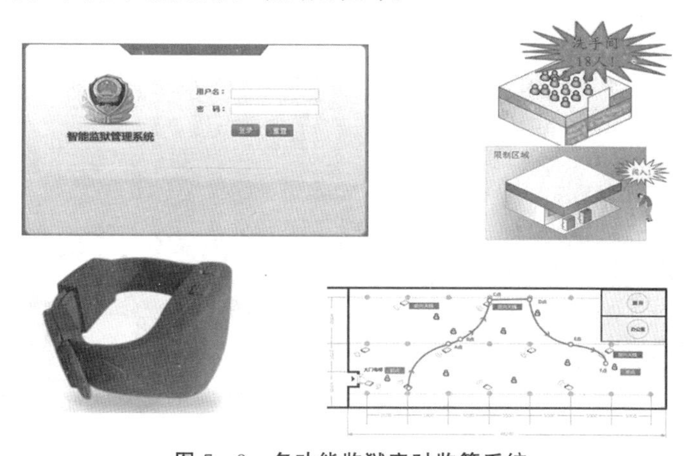


图 7－8　多功能监狱实时监管系统

### 7.2.8 军车远程管理系统

根据现实需要,先进的军车远程管理系统应该具备卫星定位监控、轨迹回放、视频监控、音视频录像、语音对讲(车对车、中心对车、中心授权车辆间对讲)、电子围栏(可按行政区域划分,省级、市级、区级/县级、路线规划设计)、远程控制断油断电、OBD数据实时传送与故障检测、报警(紧急报警、超速报警、出区域报警、非法移动报警、路线报警、疲劳驾驶报警)等功能。

### 7.2.9 电子伤票系统

利用物联网技术,开发出了"电子伤票系统"和"野战单兵搜救系统"。基于RFID技术的野战电子伤票系统可取代传统纸质伤票,用于单兵基本信息(姓名、单位、血型、过敏史等)、伤员伤情信息和医疗救治信息的采集、处理、存储和传输,在伤员后送的同时,即可实现从火线—救护工作站—后方医院的救治信息逐级传递,具有采集信息完整准确、处理信息快速便捷、存储信息永久可靠、传输信息方便保密的特点,可实现战场卫勤信息共享,提高伤员整体救治效率和战场卫勤指挥辅助决策能力。该系统的应用大大提高了战场救护效率和能力。它可用于伤员个人数据、伤情和救护措施等信息的采集、处理、存储和传输,包含血型、用药禁忌、病史等56个子项目。有了它,营连、团、师及远程医疗单位四级救治体系的战场救护信息可以共享,医疗救护机构在几秒钟内就可以掌握伤员基本情况,快速制定救治方案。通过官兵手腕上佩戴的一个手表大小的信号发射器,伤员可自主发射求救信号,搜救小组依照电子导航图选择就近路线前往搜寻。"电子伤票"的运用,让卫勤保障融入基于信息系统的作战体系,按照"精确战场需求感知、精确保障力量编组、精确资源配送监控"的要求,采取人工采集、北斗定位、对口监控、定时上报的方法,对各类保障资源进行定位监控,确保实现在准确的时间、准确的地点,提供精确保障。

### 7.2.10 智能军服系统

以美军"超人战斗服"为例,这种智能军服具有防护、隐形以及通信等多项功能。其中由纳米粒子制成的激光保护头盔为信息中枢,士兵配备有微型电脑显示器、昼夜激光瞄准感应仪、化学及生物呼吸面罩等装置,利用纳米太阳能传导电池可与超微存储器相连,来保证整个系统的供电。此外,还可以在这种智能军服中嵌入生化感应仪,用以监视士兵的身体状况,为后续军医远程操控治疗奠定基础,智能军服系统示意如图7-9所示。

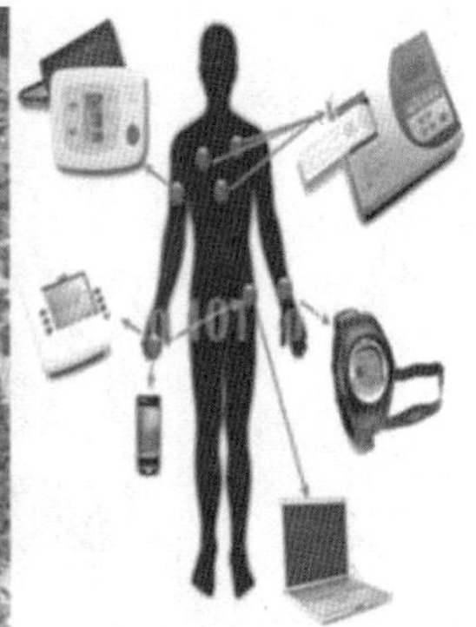

图7-9 智能军服示意图

### 7.2.11　智慧军事物流

在1991年的海湾战争中，美国向中东运送了约4万个集装箱，但由于标识不清，其中2万多个集装箱不得不重新打开、登记、封装并再次投入运输系统。战争结束后，还有8 000多个打开的集装箱未能加以利用。海湾战争后，美军为解决物资在请领、运输、分发等环节中存在的严重现实问题，为作战部队提供快速、准确的后勤保障，提出了全资产可视性计划，以实现后勤保障中资产的高度透明化。在此后的10年间，美军全面进行了这项计划的开发与部署。

在第二次海湾战争中，美军依托综合性的物流信息网络、RFID、全球定位技术，最优规划了分布在数个国家的物联网供应链，实现对“人员流”“装备流”和“物资流”的全程跟踪，并指挥和控制其接收、分发和调换，有效地改善了第一次海湾战争中常见的无谓开箱、反复发货、运送地点错误以及物资无人认领的现象。美军实现了由储备式后勤到配送式后勤的转变。与第一次海湾战争相比，海运量减少了87%，空运量减少了88.6%，战略支援装备动员量减少89%，战役物资储备量减少了75%。这种新的运作模式，为美国国防部节省了几十亿美元的开支。

### 7.2.12　数字网络战斗系统

为提高分队的情报共享和战术机动能力，让各级指挥官充分掌握战场上的状况，需要建立一个数字网络战斗系统。在该系统中，士兵可以派随身携带的小型机器人执行侦察或排雷任务。无人机可提供鸟瞰的视野和实时的情报资料，协助士兵采取适当的行动，并且具备日夜监视能力。火炮利用系统中的信息进行精确打击。地雷等隐蔽杀伤性武器可以被己方士兵或车辆定位、识别，这些武器也可以识别己方士兵。指挥中心对敌方兵力部署、武器配置和运动状态等情报的掌握，以及作战地形、防卫设施等勘察结果的了解，对己方阵地防护、部队动态和单兵战斗力等战场信息的实时监控，以及大型武器平台、各种兵力兵器的联合协同、批次使用等，实施全面、精确、有效的控制。

总之，数字网络战斗系统依靠先进的近远距离无线传输技术，将所有作战单位“无缝隙”地连接在一起，通过大规模节点部署有效避免盲区，实现系统中的所有人员和物体对整个战场的全方位感知。

### 7.2.13　武器性能监测

建立军事装备、武器平台和军用运载平台监控网络系统，在各类装备上加装单项或综合传感器，动态监控和实时统计分析军事装备、武器平台和运载平台的分布信息、运动状态、保养情况、损毁程度、维修情况、使用寿命等。

## 7.3　物联网技术在俄乌冲突中的典型应用

自2022年2月24日俄罗斯针对乌克兰正式开展特别军事行动开始，俄乌军事冲突愈演愈烈。除物理热战外，在看不见硝烟的诸多第二战场，两国围绕多方势力，同时展开经济战、金融战、电子网络战、信息战、舆论战、认知战等博弈，暗暗较量不断。物联网技术在俄乌冲突中发挥着关键作用,主要体现在智能情报侦察、战场态势感知、智能无人作战和网络空间攻击等领域。

### 7.3.1 智能情报侦察

物联网、AI、大数据、云计算等数字技术在现代战争中扮演着越来越重要的角色。在俄乌冲突战争中,如何利用这些先进的技术手段进行情报搜集、传递、分析成为战场取胜的关键。俄乌冲突引起了全球广泛关注,电视媒体、纸媒、融媒体、自媒体等新闻报道量激增,造成了信息来源广、类型差异多、数据规模大等现象。在冲突初期,俄罗斯快速控制了制海权和制空权,对主要军事目标形成了精准打击。随后在乌克兰多个城市形成相持状态,事件发展形势瞬息万变,信息的时效价值高。对于冲突双方的伤亡情况、谈判条件、制裁手段等,不同国家和地区的报道存在主观差异,造成事件真假难辨、信息混杂的局面。

随着互联网的快速发展,出现越来越多的社会媒体网站,用户可以非常方便地在这些网站上分享其想法、图片、音视频、帖子和其他相关活动。因此,当一个流行事件发生时,其将在不同社会媒体网站中快速传播,同时会产生大量的多媒体数据。这些社会事件数据来自不同的网站,具有跨平台、多模态、大规模和噪声大等属性,进行热点事件分析的研究非常具有挑战性。利用基于感知过滤、智能检索、情报整编、情报印证、情报编报、可视化等能力为一体的跨平台多模态融合分析方法,设计有效的热点事件分析框架来解决上述几个问题。针对海量的开源数据、内部数据等快速聚合、提取、分析。针对国际关系、军事冲突、前沿技术、生态危机等战略情报分析场景,通过提取语义信息构建知识图谱,以智能化手段支撑业务人员进行情报分析,实现良好的人机交互、人机结合,验证智能技术在情报分析场景的价值。采用自然语言处理技术,实现跨平台多模态(文本、图片、音视频)全媒体数据实时采集、抽取、挖掘和分析处理,提供精准舆情检索、敏感线索发现、热点舆情聚合、目标定向监测、专项舆情分析、自动舆情预警、智能舆情报告等多维舆情信息服务。采用分布式智能标签提取技术,实现海量情报素材快速整编。结合战略情报数据标签体系,进行情报素材的自动化处理,实现对文本、图片等多源情报数据的高效规范化标注、素材自动分类、聚类、相似度识别、要素抽取等,为战略情报数据挖掘应用提供基础支撑。采用广谱关联分析应用技术,实现溯源分析和对比分析,提高情报可信度。针对情报研判问题,从获情手段、线索领域、渠道来源等不同维度,开展多源信息提取关联、交叉比对、融合印证,辅助研判人员实施多源情报核查印证。在俄乌冲突中,基于物联网技术、人工智能的智能情报侦察手段被充分利用,成为战争决胜的重要手段。

### 7.3.2 战场态势感知

军事物联网的无线传感器网络技术非常适合应用于恶劣的战场环境,包括侦察敌情、监控敌我兵力、装备和物资的管控、定位攻击目标、判断生物化学攻击和评估损失等多方面用途,通过多种方式将大量微型综合传感器散布在战场的广阔地域,可以获取作战地形、敌军部署、装备特性及部队活动行踪、动向等信息,在目标地域实现战场态势全面感知。这些地面信息可与卫星、飞机、舰艇上的各类侦察传感器信息有机融合,形成全维侦察监视预警体系。

在战场上大量建设和广泛布设各种传感器件，形成覆盖战场的物联网络，可以收集战场上不分兵种种类、不分专业、不计来源的多元化信号来源，实现对作战地形、防伪设施、周边环境的勘察，对敌方、武器配置、运动状态的情报侦查，对己方阵地防护、人员动态、保障力量等各类信息融合形成对战场实时的感知，为作战指挥、兵力调遣、进攻防御、部署战场提供强大的决策服务。将过去在战场上需要长时间才能完成处理、传送和运用的战场信息压缩到几分钟、几秒钟甚至同步，通过多元信息实时处理和融合共享，将各种资源联为一体，实现战场实时监控、目标搜索定位、战场态势评估等功能，构建多维一体的战场透明网络，持续获取战场态势图，达成对整个战场的透明感知和实时掌握。如图 7－10 所示，这是在俄罗斯卢顿武装的装甲车上意外发现的 RFID 信标，这辆车附近有接收器，如果装甲车出动则会被自动扫描和传输记录，并迅速传递给乌军，乌军的无人机和榴弹炮就会做好准备，迎接它的到来。

图 7－10　俄乌冲突中的 RFID 信标

### 7.3.3　智能无人作战

借助物联网，指挥机构能够根据传感网络传送进来的信息，经过融合分析与智能决策，自动连接到武器平台，在导航和定位技术的支撑下，追踪目标，发射武器。对目标进行打击时，还可根据传感网络感知打击效果，对下一步目标打击进行决策。服务于军事的物联网，以更高的精度、概率、置信度得到所要打击目标的状态、位置以及威胁，为指挥员提供决策需要的实时信息，使火力打击的指挥程序得以精简。可利用精确制导武器实施重点火力打击和定点火力打击，显著提高火力打击的准确性和毁灭性。在战场上崭露头角的无人机、无人车、特种机器人等无人化武器系统，凭借其技术优势逐步登上了以信息化、智能化为主导的“非接触性战争”舞台。在军事物联网技术应用大发展的背景下，军事强国正在不断寻求不对称作战，意图依靠无人技术实现感知和行动的优势，追求人员零伤亡，而军事弱国想凭借无人技术弥补差距。军事无人技术在物联网时代，正从幕后走向前台。

随着俄乌冲突的爆发，双方使用的军事武器也成为关注重点。据美国海军研究中心发布的一份研究报告，其根据近年来俄罗斯在叙利亚、乌克兰东部及纳卡地区等实施的军事行动，对俄军无人武器系统在俄乌冲突中的潜在运用进行分析。报告认为，俄罗斯目前作战能力最强的无人系统依然是无人机。此外，在无人车辆、无人水面航行器及无人潜航器的实战运用上，俄罗斯也在积极探索。

据俄罗斯《消息报》报道，为了控制攻击无人机群，俄罗斯将发展专门的空中指挥所。这种指挥系统将能够指挥新一代无人机对数百公里甚至数千公里之外目标实施打击，且可以联合不同军兵种部队的装备。对此，有专家表示，这种技术将扩大通信的范围，确保其可靠性，并使操作员不易受到攻击。另据法新社报道，俄罗斯海军将升级苏-30SM2战机的航电系统，实现无人机控制功能。目前，俄罗斯海军装备四款多功能SM2，SM2是苏-30SM的升级版，拥有更强劲的发动机、更先进的雷达和其他“智能武器”。据悉，俄罗斯正在研制一个新的“数据交换系统”，以实现SM2双发战斗机与S-70“猎人”重型攻击无人机在内的无人机进行数据链接，对无人机进行指挥控制。可见，即便在作战能力最强的无人机上，俄罗斯的探索仍在继续。

相较于无人机在军事行动中的表现而言，俄罗斯的无人车辆在该领域的发展尚且不及，因此在与乌克兰的任何冲突中，其无人车辆的使用有限。但俄罗斯国防部也正针对这方面加紧训练，比如此前的“西方-2021”演习。但在此次的俄乌冲突中，其运用或许仍旧不多。资料显示，俄军目前所用的无人车辆都是遥控式的，需要操作人员在车辆附近操作，且人为操作更加复杂。但另一方面，在穿越雷区上，俄罗斯国防部或将利用Uran-6扫雷无人车与Scarab及Sphera小型无人车，为俄军部队及装备扫清雷区障碍。此外，对于近期采购的Uran-4效仿无人车，俄罗斯地面及工兵部队还可以使用其对在战争中着火的车辆等进行扑救。

俄罗斯此前在叙利亚附近使用的Galtel无人潜航器，此次也可能会在乌克兰近海使用，通过其发现水雷等。同时，俄军还可能使用扫雷无人潜航器，如“马林鱼-350”。据报道，俄罗斯国防部近期决定大量采购这些扫雷无人潜航器。反水雷人员可使用由多种一体化无人水面航行器及无人潜航器组成的“Diamant”水雷探测与摧毁系统。

### 7.3.4 网络空间攻击

俄乌冲突发生后，随着战况的深入发展，各方势力在网络空间中的攻防对抗也已进入白热化阶段。亲俄与亲乌的两大集团在网络对抗中构建了大批“前沿阵地”，双方充分运用了DDoS攻击、僵尸网络、勒索病毒、漏洞攻击、数据擦除软件等多种网络攻击工具，将火力覆盖至对方的基础设施、社交网络、组织机构等重点区域。冲突双方在网络空间的网络攻击行为包括扫描行为、登录凭证破解、邮件投递、漏洞利用、跳板攻击、入侵行为、持久化攻击等多类攻击行为，并且发现了针对重要物联网设备和IPv6服务的新型攻击活动。

在俄乌网络冲突中，关键服务设备成为双方的攻击重点。根据全球威胁狩猎系统监测数据，2月以来，俄罗斯的多种服务设备遭受漏洞利用攻击，遭受攻击最多的两种设备是路由器和摄像头，两种智能设备在本次网络冲突中扮演了重要的角色。路由器作为网络环境的核心和心脏，一旦发生故障，将导致区域网络环境的瘫痪。而摄像头由于暴露在公共场所且分布广泛，能够成为网络攻击中的关键跳板，同样成为攻击者首选目标。

随着信息化时代的全面到来，网络空间已经成为大国对抗的新战场，继海、陆、空、天之后的第五作战领域，同时也是网军对抗的主要阵地。在俄乌战争实际战场的背后，一场没有硝烟的网络空间“大战”早已经打响，其参与人数、攻击规模、影响后果不亚于实体战场。对乌克兰测绘数据进行分析，结果显示，基辅地区(基辅州和基辅)暴露的资产最多，接下来依次是哈尔科夫州、敖德萨州、利沃夫州，网络空间资产数量与该地区的经济水平和人口密度正相关。

乌克兰的网络资产类型主要是路由器、摄像头以及工业控制系统等，俄罗斯暴露的物联网资产类型主要是路由器、摄像头、Web 代理、内容分发网络、防火墙和资源存储器等，这些物联网资产正成为网络攻击的对象。物联网和工控设备已成为“网战”切入点。虽然俄乌战争的战场在乌克兰，但是网络战争的硝烟却弥漫在俄乌两国，网络战中的物联网和工业控制设备往往被作为攻击的切入点。

通过网络空间测绘可以发现俄罗斯 Moxa 工业控制网关已被网军入侵，该类型网关可提供蜂窝路由器功能、防火墙功能和网关功能，是面向工业领域场景的网络设备，个别入侵的网关设备首页被篡改。从被攻击的资产篡改内容来看，乌方网军宣扬的内容是反对俄罗斯的入侵战争，俄方网军则宣扬乌克兰支持纳粹，想走法西斯的道路。此外，被篡改的服务目前还有大量存活，猜测相关服务的所有者没有发现被入侵，甚至可能不知道自己的设备暴露在互联网上。

## 7.4　物联网在军事应用中面临的问题

### 7.4.1　标准化问题

物联网建设需要有标准化的传感系统、统一的编码和识别系统、通用的数据接口与通信协议、互联互通的网络平台，才能让遍布世界各个角落的物体接入这个庞大的网络系统，进而被感知、识别和控制。但是，目前各种标识标准千差万别，各类协议标准如何统一仍是一个很漫长的过程，制约着物联网发展的步伐。

当前的军事供应链中存在海量的物联网节点及设施设备，各物联网业务系统异构不兼容的问题广泛存在。要实现物链网式万物互联，远距离无线通信传输仍主要依靠 5G、4G 等通信技术。如何将区块链能力赋能到碎片化的物联网系统，从军事性和经济性角度来看，兼容性互通性强的物联网设施设备更替还不具有操作性，需要从物联网“端-边-网-云”的数据传输结构上实现连接标准化。蜂窝通信模组是广域物联网设备联网的主要途径，可作为物联网接入区块链的重要入口，解决军事供应链物联网系统异构问题。利用蜂窝通信模组和 BoAT(Blockchain of AI Things)区块链应用框架，能够在不改变物联网设备硬件的前提下，在协议层添加区块链的服务，实现数据上云和数据特征值上链同步以及物联网设备的上链服务。通过区块链定义不同设备的访问权限，使用后自动停止设备访问权限，可有效防止某一设备被入侵后整个系统被攻破的风险，达到智能安全管理的目的。传统的物联网设备虽然利用蜂窝模块移动通信网上云，依靠现有成熟技术保证数据安全上云，实现传输信息安全，但无法解决物理世界源头数据可信度的问题。如果在物联网应用中加入 BoAT 框架，采用安全容器对密钥和密码学算法进行管理，数据在完成区块链交易报文组装和签名授权后，通过协议库再进行数据可信上链。这种方式将原始数据储存在“云”上，数据的哈希值上“链”，实现了“云一链”数据关联及海量数据可信存储验证，虽然能够保证云上数据不可篡改,但同样存在源头数据刻意造假的隐患,如黑客攻击冒充物联网设备等。基于安全信任环境,加入根信任,即注入对称密钥或非对称的私钥对设备认证数据等关键性数据进行设备身份登记认证,可有效防止虚假设备数据接入。

### 7.4.2 信息安全问题

在这个"万物互联"的世界,每一件武器装备都可以连接到这个网络并被感知,一旦遭到攻击,将会对军队造成巨大危害。一方面会影响物联网本身的运行,进而危及国家安全;另一方面,军事信息也会被敌方窃取利用,对军事信息的安全造成巨大危害。军事物联网的构成要素主要包括传感器、传输网络和信息处理系统,这些要素从体系结构上分别位于军事物联网的感知层、传输层和应用层,对应着 DCM 分层模式中的设备(Devices)、连接(Connection)和管理(Management),相应地,其安全形态表现为节点安全、网络与信息系统安全和信息处理安全。

1. 节点安全

节点安全对应军事物联网的感知层安全问题。军事物联网的感知层由 RFID、红外传感器和其他感知终端组成,其安全问题包括节点的物理安全和信息采集安全。物理安全是指保证军事物联网感知节点不被控制、破坏和替换,使其保持可用性和可控性;信息采集安全是指防止采集的信息被窃听、伪造、篡改重放攻击和拒绝服务(DDoS)攻击等,主要涉及嵌入式系统安全、节点安全成族、非正常节点的识别、入侵检测和抗干扰等方面的问题。

2. 网络与信息系统安全

网络与信息系统安全对应军事物联网传输层的安全问题。传输层作为军事物联网体系结构的中间层,可以被看作"物-物"相连的纽带和信息传输的干道,是在现有军事通信网络基础上的扩展与延伸,将各种网络基础设施融合在一起。考虑到信息在传输的过程中会经过一个甚至多个不同架构的网络,因此,传输层不仅面临着现有军事信息网络环境下既有的安全问题,在跨网络架构安全认证方面也面临着异构网络攻击等问题。网络与信息系统安全主要是指通信传输网络的安全,涉及信息泄露和篡改、传输性能受限、常规协议攻击、异构网络攻击、安全路由、网络地址空间耗尽等问题。

3. 信息处理安全

信息处理安全对应着军事物联网应用层的安全问题。应用层处于整个体系结构的顶层,主要由各种数据处理系统和业务终端系统构成,又可以分为支撑层和应用层。支撑层通过数据挖掘、高性能运算和云计算等对信息数据进行智能处理,为应用层的专业军事应用服务提供技术支撑。

物联网对数据实时性的需求使支撑层面临海量数据识别与处理的挑战,而支撑层的智能性在提高数据处理速度的同时,不可避免地带来了潜在安全隐患。应用层是信息技术、军事技术与物联网技术紧密结合的产物,表现为依据作战需求建立的各种专业业务系统,利用智能处理后的信息为用户提供定制服务,如实时态势感知、扁平化指挥控制、战场物资可视化管理、智能装备管理、智能军事物流等。

### 7.4.3　资金成本问题

在物联网推广于军事领域的过程中，不仅需要大量的RFID标签、传感器节点、无线通信和数据存储传输设备等，还需要开发先进的信息管理系统，每一步的实现都将有大量的军费投入，开发低成本、低能耗、高处理能力的传感器节点迫在眉睫。

物联网成本包括以下几个方面。

1.设备成本

物联网设备的成本是物联网部署的主要支出之一。这些设备包括传感器、控制器、网关等。因此，行业必须考虑采购这些设备的成本，同时需要考虑将这些设备部署到何种程度，以及对应的部署区域的规模。

2.网络成本

物联网设备和终端之间需要实现实时通信，因此，连接这些设备的网络将成为显著的成本。包括宽带互联网、无线通信等成本。

3.应用程序成本

物联网设备需要开发应用程序和应用的接口，因此，需要分析应用程序的成本，以确保物联网的所有应用程序都能够正确地运行和连接。

4.操作成本

物联网的运营涉及来自设备的数据的收集与分析，因此，需要考虑管理物联网设备的操作成本。

### 7.4.4　抗干扰问题

军事物联网是一种新型网络技术，具有很强的抗干扰能力。军用物联网在实际应用中遭遇多种干扰因素，导致其出现故障，这不仅降低了军队的作战效能，同时也对军事物联网的正常运行产生了负面影响。由于军用物联网具有较强的隐蔽性、抗干扰能力弱以及易受电磁干扰等特点，使得它在使用过程中极易受外界各种因素的影响发生误操作甚至破坏现象。因此，为了确保军事物联网在各种干扰环境下的稳定性和可靠性，必须对其进行全方位的深入研究和探索，以提升其抗干扰性能。军事物联网的安全性能主要体现在信息传输过程中的保密性、完整性以及可用性等方面。在保障安全性能方面，抗干扰技术扮演着不可或缺的角色。由于电磁干扰会严重损害军事物联网设备的安全性以及使用功能，所以必须采取必要的措施来增强军事物联网系统的抗干扰性。为确保军事物联网的稳定运行，必须对其抗干扰技术进行深入研究，以提升其可靠性和稳定性，从而保障其在战场上的稳定运行。

当前，无线射频信号已成为军事通信中信息传输的主要手段。由于受外界因素影响较大，军事物联网无法正常工作，这对部队作战产生了极大阻碍。随着军事通信技术的不断演进，军事物联网已经成为现代战场上不可或缺的重要组成部分，为战场上的作战提供了强有力的支持。为了确保军事物联网能够稳定、可靠地工作，需要采取一系列手段来增强军事物联网系统性能。通过运用多种技术手段，可有效提升军事物联网的运行效率，进而增强部队的战斗力。在军事物联网中应用广泛的无线通信技术包括蜂窝移动通信、卫星通信等。当前,军事物联网正面临着来自网络内部和外部环境的双重挑战,这些挑战可能会对其稳定性和可靠性带来负面影响。一旦军事物联网出现故障,将给整个系统带来巨大经济损失和人员伤亡,甚至还会引起战争危机。为了提高军事物联网的安全性能,必须实施一系列的防护措施,以确保其在任何情况下都能够保持稳定和可靠的运行。从整体上看,军事物联网系统是一个庞大而复杂的网络系统。由于涉及广泛的领域,军事物联网所受到的影响因素异常复杂,需要综合考虑各种因素。随着信息技术水平的不断发展,军事物联网的安全性也越来越受关注。在当前的背景下,深入探究军事物联网所面临的各种安全隐患,显得尤为紧迫和必要。

此外,随着网络规模的不断扩张,军用无线设备之间的相互干扰问题也将日益凸显,这将成为一项不可忽视的挑战。因此,为了有效抑制这些干扰信号,需要采用一系列行之有效的技术和手段来实现对它们的检测、跟踪与控制。由于多种因素的干扰,目前军用无线系统中存在着大量无法控制或无法预测的干扰源,这些因素极大地制约了军用无线网络的性能提升。为了能够更好地保障军用无线设备的安全使用,需要对现有的抗干扰技术加以改进和完善,以适应新形势的要求。随着现代军事物联网的不断演进,传统的抵御外界干扰的手段已经逐渐失去了适应性。与此同时,随着人们对信息传输安全性要求的不断提高,无线通信系统对通信质量提出了更高的标准,而这些都会造成军用无线通信网络抗干扰能力的下降。因此,在当前的军事物联网中,如何提升其抵御干扰的能力是一项迫切需要解决的挑战。

## 7.5 小　　结

物联网被许多军事专家称为“一个尚未探明储量的金矿”,未来必将使军队信息化建设和作战方式发生新的重大改变。当前,世界主要军事强国都已经开始制定标准、研发技术、推广应用,以期在新一轮军事变革中占据有利位置。本章围绕物联网的军事应用进行了重点阐述,目的在于使读者了解物联网在军事领域的应用需求与应用途径,为将来军事物联网的研究打下基础。

# 第8章　物联网工程应用案例

**本章目标**

(1)了解物联网工程应用案例。
(2)熟悉基于OBD的车辆远程故障诊断系统的特点和设计。
(3)熟悉基于物联网的智慧工地管理系统的应用背景和系统设计。
(4)熟悉基于物联网的智慧校园管理系统的应用背景和系统设计。
(5)熟悉基于物联网的城市北斗消防救援管理系统的应用背景和系统设计。

## 8.1　基于OBD的车辆远程故障诊断系统

### 8.1.1　OBD的定义与特点

OBD是英文On-Board Diagnostic的缩写，即“车载诊断系统”。该系统可以实时监控发动机的运行状况和尾气后处理系统的工作状态，一旦发现有可能引起排放超标的情况，会马上发出警示。

国内汽车业竞争激烈，各厂商一直谋求突破，如今汽车在智能化应用和信息化层面打造了“车联网”概念。车联网概念一出就受到众多商家追捧，在狂热追捧和艰难探索中，车联网落地却不如人意。车联网最关注的功能是“汽车安全”“实时交通导航”“娱乐和便民服务”，但究竟什么模式才能真正让车联网落地，这是今天需要探讨的。在市场经济社会，所有的落地都离不开用户的认可，也就是说“客户喜欢，而且愿意买单”这种模式才是真正的落地模式。

### 8.1.2　汽车OBD

1.什么是汽车OBD

OBD是指当与控制系统有关的系统或相关部件发生故障时，可以向驾驶者发出警告的诊断系统。OBD装置监测多个系统和部件，包括发动机、催化转化器、颗粒捕集器、氧传感器、排放控制系统、燃油系统、GER等。

OBD通过各种与排放有关的部件信息，联接到电控单元(ECU)，ECU具备检测和分析与排放相关故障的功能。当出现排放故障时，ECU 记录故障信息和相关代码，并通过故障灯发出警告，告知驾驶员。ECU 通过标准数据接口，保证对故障信息的访问和处理。

2. OBD 应用层

OBD 应用功能：故障诊断系统、油量统计系统、胎压监测系统、安全预警系统、加速度测试系统、绿色行车报告功能、保养维护系统、车辆防盗系统、增值系统。

### 8.1.3 基于 OBD 的车辆远程故障诊断系统

汽车远程故障诊断系统是指在汽车启动时获知汽车的故障信息，对故障码系统、动力系统、底盘系统、车身系统、信号系统及其他事项等进行检测诊断，并把故障码上传至数据处理中心。系统在不打扰车主的情况下复检故障信息。在确定故障后，实施远程自动消除故障，无法消除的故障以短信方式发送给车主，使车主提前获知车辆存在的故障信息，防患于未然。同时汽修店的应用平台也会及时显示车辆的故障信息，及时联系客户安排时间维修车辆。如图 8-1 为车辆远程故障诊断系统界面。

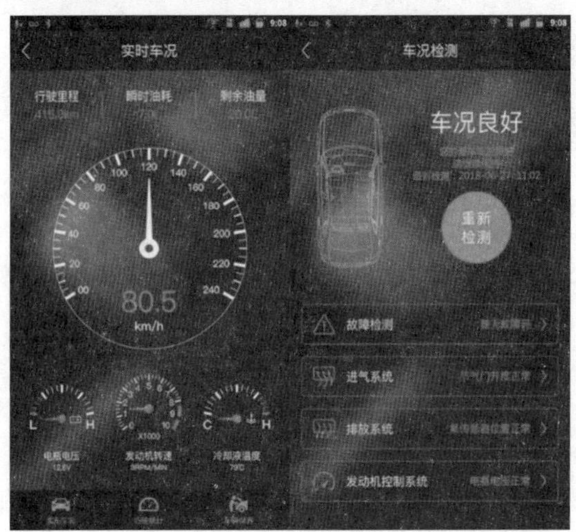


**图 8-1 基于 OBD 的车辆远程故障诊断系统界面**

基于 OBD 的车辆远程故障诊断系统提供以下服务：

(1)车辆定位服务：系统会在地图中显示定位车辆位置。

(2)车辆实时监控：系统实时监测车辆故障信息，包括实时油耗、发动机水温、发动机转速、车辆行驶里程、当前车速、电瓶电压、进气压力、冷却液温度、氧传感器电压发动机负载、节气门开度、点火正时、空气流量等。

(3)读取数据流功能：读取发动机系统运行参数。

(4)读取故障码：监控系统远程读取全车故障代码，如发动机、刹车气囊、变速箱、电子转向，并对检测到的信息进行分析诊断，显示对应故障内容和故障出现的可能原因。

(5)故障报警处理：监控人员获取故障报警后，将首先从故障库中检索相同故障的历史记录，为故障排查做参考，同时通过监控中心协同维护中心技术人员对故障进行诊断。

(6)清除故障码：远程清除发动机系统的故障代码。

(7)车辆救援服务：车辆出现故障可以向客服中心请求救援。

(8)车辆保养提醒:系统读取油耗和车辆里程信息,将客户车辆维护情况信息反馈给后台管理或4S店、维修站,并根据汽车具体状况通知车主维护保养。

(9)车辆安全系统:系统具备超强的车辆安全保障功能,如被盗汽车定位、路边救助以及车辆停放提示功能,为用户的爱车提供全方位实时保障。

(10)车辆联网客服中心:客服中心的相关配套设施可以提供快速与车主对接服务,如果有危险情况,车主可迅速传递信号给客服中心,客服中心则会在第一时间进行救援。

(11)碰撞自动求助:如车辆发生严重碰撞,该系统会自动同后台客服中心建立联系,以便及时实施救援。

在汽车远程诊断系统中,首先要实时采集汽车的多种参数,以便提取相应的状态信息和故障信息,要检测的参数通常包括点火系统检测、喷油过程各种参数的测定、各缸工作均匀性检查、各缸压缩压力判断、车载传感器参数测定。采集后传送给远程服务器和诊断中心,诊断结束后发送给汽车,接收诊断结果和维修向导。

## 8.2　基于物联网的智慧工地管理系统

### 8.2.1　应用背景

建筑行业是我国国民经济的重要物质生产部门和支柱产业之一,在改善居住条件、完善基础设施、吸纳劳动力就业、推动经济增长等方面发挥着重要作用。与此同时,建筑业也是一个安全事故多发的高危行业。近年来,在国家、各级地方政府主管部门和行业主体的高度关注和共同努力下,建筑施工安全生产事故逐年下降,质量水平大幅提升,但不可否认,形势依然较为严峻。尤其是随着我国城市化进程的不断推进,建设工程规模将继续扩大,建筑施工质量安全仍不可掉以轻心。如何加强施工现场安全管理、降低事故发生频率、杜绝各种违规操作和不文明施工、提高建筑工程质量,仍将是摆在各级政府部门、业界人士和广大学者面前的一项重要研究课题。

### 8.2.2　系统总体思路

工地可视化系统为政府、企业的现场工程管理提供了先进技术手段,通过安装在建筑施工作业现场的各类传感装置,构建智能监控和防范体系,能够有效弥补传统方法和技术在监管中的缺陷,实现对人、机、料、法、环的全方位实时监控,变被动“监督”为主动“监控”;同时也将为安全生产监督管理引入新理念,真正体现“安全第一、预防为主、综合治理”的安全生产方针。传统的施工监测易受人为影响且效率低下。通过引入物联网技术,可以有效提高建筑施工质量,进而构建智能家居、智能建筑,并最终达到创造智能城市的目标。

1.业务功能思路

(1)视频监控系统:工地网络环境复杂,应满足网络施工部署要求。

(2)实名制考勤系统:工地通常有实名报到、实名考勤的需求,应利用考勤系统进行实名制考勤。

(3)人员安全管理系统:主要满足工地上的人员安全帽佩戴情况、人员定位等不同需求。

(4)起重机械监测系统:预防起重机械超载、碰撞事故,降低事故风险。

(5)升降机监测系统:检测升降机运行状态,预防无证操作、过载超重等问题。

(6)环境监测系统:及时发现治理工程现场扬尘、噪声污染,得知现场天气环境信息,合理安排工地用工时间。

(7)车辆出入管理系统:获取各类型车辆的出入记录,进一步规范车辆进出,为后续材料运输等管理提供依据。

(8)各类型数据要便于展示,平台界面操作简单。

2. 应用思路

(1)管理人员将工程图数据情况结合起来,以此展示项目状况。

(2)设备位置、人员信息、视频画面、自动告警等现场数据一体化显示,最终为管理者提供决策依据。

(3)流程完成闭环,如视频预警人员进入危险区域,设备语音提示后还未离开,则自动通知给管理员,管理员喊话现场,监督人员离开区域。

(4)不同人员有不同的权限登录,数据呈现不同。

(5)总部统一管理,工地端轻量化部署。

(6)采用分布式存储的布局,减少项目部和总部带宽压力。

(7)采用无线组网,增加网络稳定性,减少维护成本。

### 8.2.3 系统总体设计

1. 总体架构

智慧工地管理平台是以现场实际施工及管理经验为依托,针对工地现场痛点,能在工地落地实施的模块化、一体化综合管理平台。为建筑公司、地产公司、监管单位租赁企业、设备生产厂提供了完整的数据接入和管理服务。系统总体架构如图 8-2 所示。

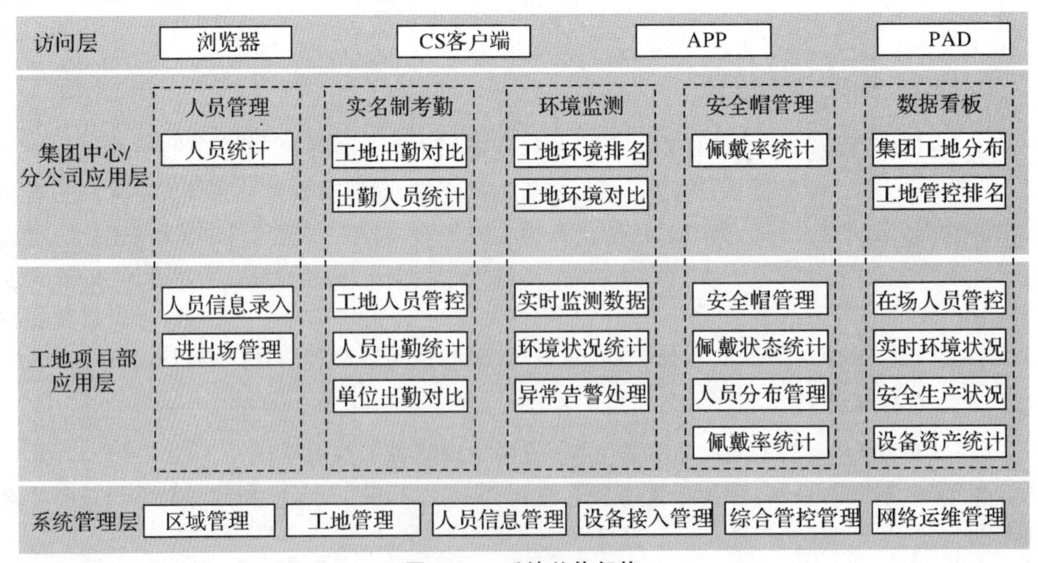


图 8-2 系统总体架构

基于建筑公司、地产公司、监管单位组织结构，系统将构建覆盖省市—县区—分站—工程现场、总公司—二级公司—大区公司—工程现场四级管理的建筑工地管理系统。按照模块化设计思路，不同的单位按需选用不同业务模块，平台最轻量化实施。系统建设采用物联网技术，由感知层、网络层、信息存储与应用层组成。可有效达到采集精度高、全天候工作、运行维护容易、项目成本低等特点。系统拓扑图如图 8-3 所示。

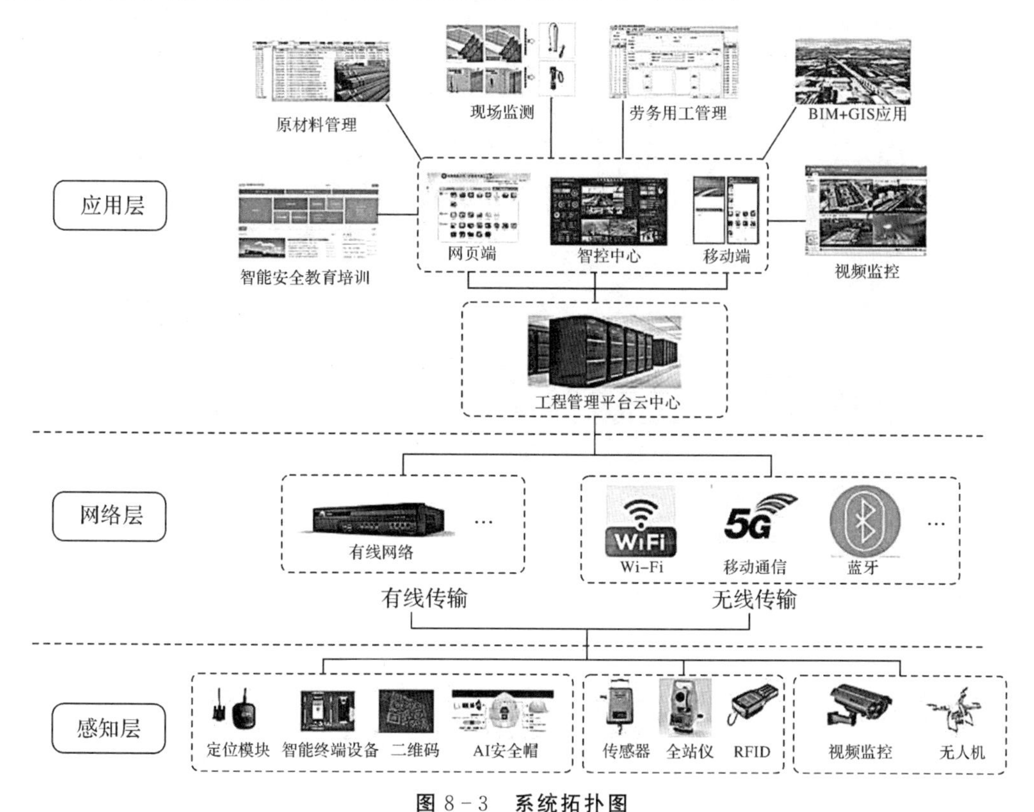


**图 8-3　系统拓扑图**

系统功能模块包含现场人员管理(含工地闸机、AI 安全帽、隧道人员定位)、电子围栏、拌和站粉料吹灰管理、车辆定位、检测系统(扬尘检测、沉降自动监测、振动检测、边坡检测、大体积砼测温检测、深基坑检测、塔吊检测、水文监测、高支模安全监测、钢结构监控)、测量机器人辅助防线系统。系统组成分为三级架构，即以摄像头、传感器为主的前端感知层，以计算、传输、控制为主的中间层和以平台软件、数据存储、计算分析为主的控制中心。

2. 平台系统功能

系统业务分为中心管理、视频联网、人员考勤/安全管理、环境检测管理、起重机械管理、车辆定位管理。

每个业务对应一个或者多个硬件系统。中心管理为监控中心。视频联网包含视频联网监控、分布式存储、电子围栏。人员管理分为实名制考勤子系统和人员安全子系统(安全帽脱戴、定位)。起重机械管理分为塔吊安全监控子系统和升降机管理子系统。环境管理是环境监测子系统。

(1)智控中心一体化展示平台。智控中心将项目的安全、质量、进度、BIM 等数据进行一体集成,在同一个平台上将不同类型数据进行一体化展示,其中,项目的关键指标通过直观的图表形式呈现,平台智能识别项目风险并预警,大大提高项目的管理水平,如图 8-4 所示。

图 8-4　智控中心一体化展示平台

智控中心平台内容由质量管理、人员管理、视频监控、安全管理、环境监测、BIM+GIS 应用六个部分组成。

1)质量管理:集成现场生产数据(当月生产方量、混凝土超标报警数、超标报警处置率),试验室数据(当月试验数及试验合格率),沉降观测超限点(在测点数、当月各标段沉降超限工点数),线形监测(连续梁个数、当月连续梁超限点数、超限处置率)等展示。

2)人员管理:展示本项目施工现场人员工种及数量、当月人员出勤率统计等;支持各标段安全帽报警事件数展示。

3)视频监控:展示现场已布设视频监控工点的实时监控画面。

4)安全管理:集成本项目隧道超前地质预报数据(当月的报警数、处置率),围岩量测(当月的报警数、报警处置率、实测比例),安全步距(当月的步距超标率及处置率)等展示。

5)环境监测:展示本项目各工地扬尘监测设备运行情况。

6)BIM+GIS 应用:集成本项目重点工程 BIM 应用(BIM 模型展示、碰撞检查、站房装修深化设计)、电子沙盘(重点工程细节展示、重点工程施工工艺模拟、重点工程进度预演)、无人机倾斜摄影等展示。

(2)分控中心一体化展示平台。分控中心一体化看板数字大屏由质量管理、人员管理、视频监控、安全管理、环境监测、BIM+GIS 应用六个部分组成,如图 8-5 所示。

(3)视频联网系统。工地现场施工安全监督子系统是企业对项目施工安全管理和质量管理的物联网项目工地监管系统。对外实时展示工程总体情况,对内查看工地施工过程,从而掌握当前进度安全质量。

图 8-5　分控中心一体化展示平台

基于视频监控、AI 特征识别、无线传输等技术，设置电子围栏，确保周界入侵防范的可靠性。在防控体系内预置入侵者特征和警戒区域，视频监控采集入侵者数据，通过特征比对，识别入侵行为，及时以声光电的形式向管理者、入侵者发出警示，增强区域安全防范意识。

(4)现场人员管理系统。现场人员管理一直是施工企业的诉求。实名制考勤实到实签，对劳务分包人数、情况明细、人员对号、调配有序，从而实现劳务精细化管理，如图 8-6 所示。

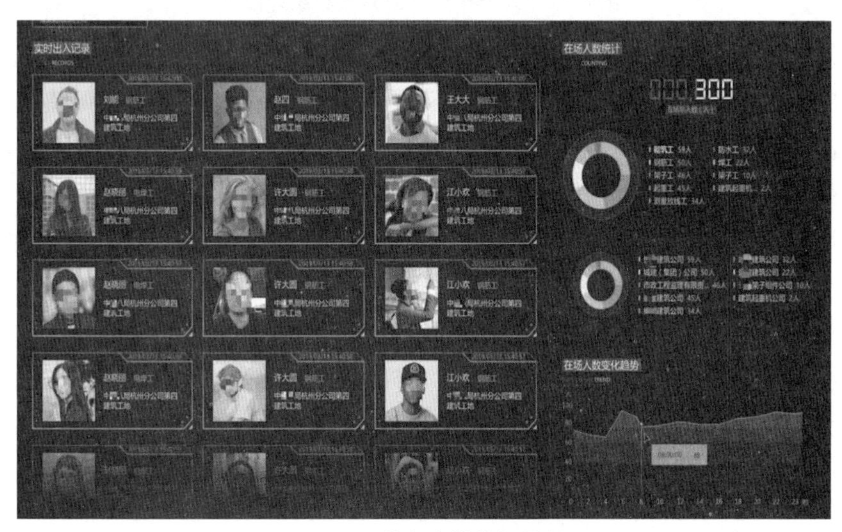


图 8-6　劳务考勤数据看板

实名制考勤看板，主要包括实时考勤统计、考勤结果统计、人员出勤统计、工地出勤状况四个模块。考勤实时显示。同时还包括工地视频的预览、单位出勤人数实时统计、考勤在场人数趋势图的统计。

考勤结果统计模块，平台每天凌晨会定时统计前一天的考勤记录，根据考勤统计得到前一天的考勤结果，并进行记录和保存，考勤结果统计可以根据时间段、工种、组织单位、工人姓名进行查询,同时还支持导出到 excel 功能。

人员出勤统计模块,平台统计每个工人的出勤天数和出勤时长等信息。人员出勤统计可以根据时间段、工种、组织单位、工人姓名进行查询,并支持导出到 excel 功能。

(5)安全生产系统。安全生产分为安全帽管理、佩戴情况统计、安全帽事件统计和危险源越界统计四个部分,如图 8-7 所示。

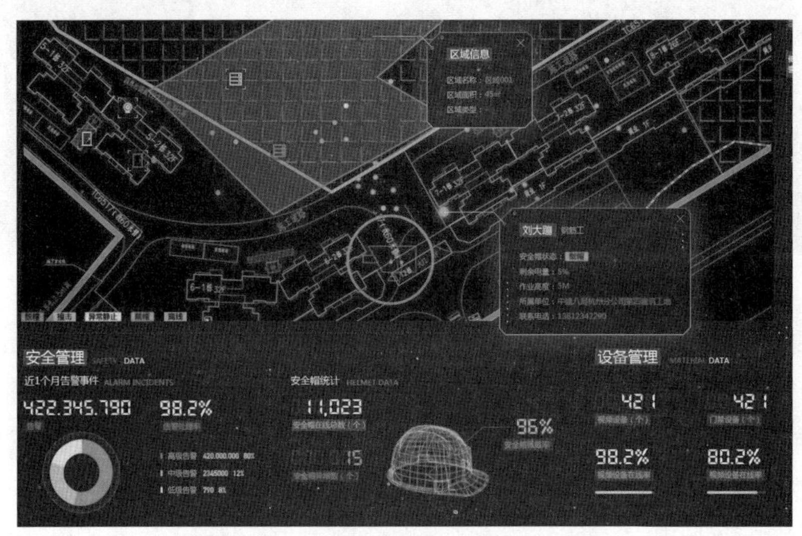


**图 8-7 人员在场地图分布和统计数据**

安全帽管理针对工地上的安全帽,可以对安全帽进行添加、删除、查询、修改和导入。安全帽管理展示的安全帽查询结果有安全帽序列号、安全帽 mac、关联人员、佩戴状态、是否启用、剩余电量。安全帽管理还可以对安全帽设备进行命令下发,单个或批量下发重启命令、时间参数配置命令。

戴帽情况统计是统计每个组织单位下的戴帽率(戴帽状态的数量/在场的人数)数据,统计维度为小时,可选择组织单位、日期和小时区间进行数据统计,并可以对统计出来的数据进行图片导出。

异常事件统计对安全帽发生的异常事件进行统计,可以给出每个时间节点每种事件发生的数量,统计维度为日、周、月、年,可选择组织单位、日期和小时区间进行数据统计,并可以对统计出来的数据进行图片导出。可切换到表格模式进行数据统计,并可以导出表格文档。

危险源越界统计对安全帽发生的越界告警进行统计,可统计出每个时间节点每种事件发生的数量,统计维度为日、周、月、年,可选择组织单位、日期和小时区间进行数据统计,并可以对统计出来的数据进行图片导出。可切换到表格模式进行数据统计,并可以导出表格文档。

(6)塔吊安全监控子系统。塔吊对安全性能要求非常高,属于高危作业,在建筑施工中由塔机引起的安全事故屡见不鲜,事故发生率很高。如何安全、高效地使用塔吊,是行业内亟待解决的问题之一。

无论是单塔吊的运行，还是大型工地多数量的塔吊群同步干涉作业，在施工中均需要注意防碰撞预警，这对于安全生产有着极其重要的意义。

据统计，出现塔吊安全事故的原因主要有以下三种：设计、制造和使用方面的原因。而最主要的原因是使用方面的原因，包括：①违章操作或误操作（其中拆装过程中居多）；②安全保护装置没有或失效；③管理不当、维修保养不到位；④外部环境因素，比如台风、地震等。

(7)车辆管理子系统。利用视频监控技术，在各建筑工地的主要出入口配备图像抓拍识别设备，对出入车辆进行记录和图像抓拍，记录车辆进出装载情况信息。同时，还可以设置车辆黑名单，防止其他车辆出入导致的车辆事故。同时支持将出入信息推送至第三方系统。系统实现对混凝土运输罐车、自卸车等机械车辆的实时定位、线路规划、轨迹回放、一键呼叫等功能，并自动对车辆可疑轨迹、驾驶员疲劳驾驶等行为报警。

(8)检测系统。环境监测系统，即对工地的环境进行集中监控的系统。系统提供组织机构管理、服务器管理、设备管理（环境监测系统）、环境量配置、环境数据监测、数据记录查询等功能，实现了通过环境监测设备对温度、湿度、噪声、粉尘、气象的监测以及对水文的检测、收集和报警联动等功能。主要功能及要求见表 8-1。

**表 8-1　环境监测系统主要功能及要求**

| 序　号 | 功能名称 | 功能要求 |
| --- | --- | --- |
| 1 | 扬尘检测 | 系统能够实现检测现场 $PM_{2.5}$、$PM_{10}$、噪声、温度、湿度、风向、风速等参数，实时传输至后台管理系统，并且可配置与扬尘喷淋或者水泡设备联动，当空气悬浮物到达一定程度时，自动开启设备，兼顾节能和环保，同时使监管部门成为“千里眼”和“顺风耳”，大大提升了管理效率，真正实现了大气污染防治的联防联控 |
| 2 | 沉降自动监测 | 沉降自动监测系统通过传感器、数据采集、数据传输设备，实时采集结构响应及环境特征数据，并通过数据处理和控制设备对采集到的数据做进一步处理 |
| 3 | 振动监测 | 结合邻营安全施工方案内的安全控制点，爆破前在营业性的监测对象合适的位置布设振动监测点，爆破期间采用爆破测振仪对振动数据进行监测及采集 |
| 4 | 边坡监测 | 通过监测滑坡的变形、活动特征及相关要素，掌握滑坡的变形规律，探测潜在失稳滑坡的滑移面，确定滑体位移的速率和方向及其发展趋势，了解地下水对边坡的影响程度，为滑坡稳定性分析提供依据 |
| 5 | 大体积砼测温 | 随时查看温度数据，在线测量，实时监控，掌握基础混凝土中心与表面、表面与大气温度间的温度变化情况，自动形成温度报表，以便采取必要措施控制质量 |
| 6 | 深基坑监测 | 系统旨在加强基坑测量监测管理，将测量数据实时统计分析，超限自动报警提醒，提升管控 |
| 7 | 钢结构监控 | 实现钢结构施工过程质量管理、进度管理、诊断分析、预警管控、监测数据、报表分析和设备管理等功能应用 |

**续 表**

| 序　号 | 功能名称 | 功能要求 |
| --- | --- | --- |
| 8 | 高支模安全监测 | 通过节点、位移传感器和称重传感器实时检测高支模的安全状态，数据同步上传至平台，一旦出现立杆倾斜、模板竖向沉降、支架水平位移以及轴力等异常情况，声光报警器立即进行预警 |
| 9 | 水文监测 | 通过各种探测器，探测到水文的温度、湿度、风速、风向、雨量、水质、水流速、水量、视频图像或图片等数字化信息，通过移动数据通道，上传到在线监测监视中心 |

3.视频联网系统

如图 8－8 所示，建筑工地视频监控系统架构由三部分组成：前端施工现场、传输网络、监控中心。

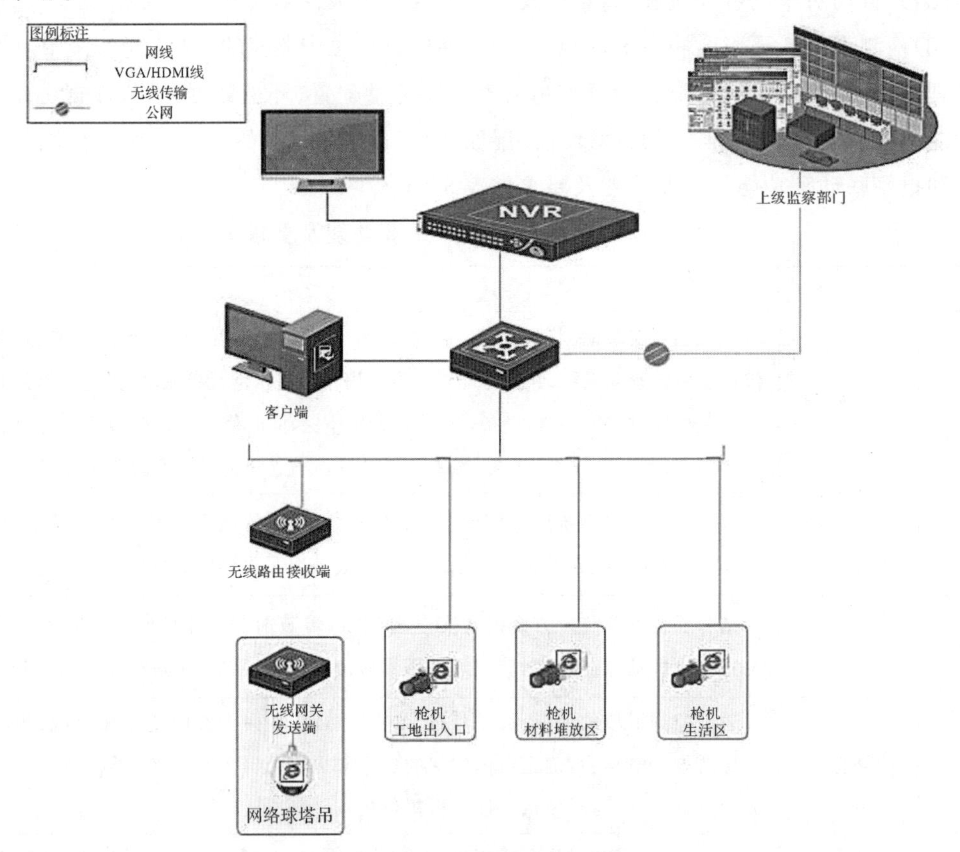


图 8－8　工地监控系统拓扑图

工地前端系统的主要作用是进行现场图像采集、录像存储、报警接收和发送、传感器数据采集和网络传输。

前端监控设备主要包括分布安装在各个区域的鹰眼全景相机、AI 相机、网络摄像机和网络硬盘录像机。这些设备对建筑工地进行全天候的视频监控，并进行分析和预警。

工地监控系统的核心是监控中心，是执行日常监控、系统管理、应急指挥的场所。部署视频监控综合管理平台，包括数据库服务模块、管理服务模块、接入服务模块、报警服务模块、流媒体服务模块、存储管理服务模块、Web服务模块等，它们共同形成数据运算处理中心，完成各种数据信息的交互，集管理、交换、处理、转发于一体，保障视频监控系统能稳定、可靠、安全运行。支持随时抽查全部视频监控资源，接收报警信息，查阅各类统计数据，实现管理的高度集中化，做到管控一体集中处理。平台支持分布式部署，当系统容量较大时，能够有效降低局部服务器性能和网络带宽压力，提升系统的稳定性。

4. 现场人员管理系统

针对建筑工地出入口处人员出入频繁、安保问题多样化、管理环节复杂等现状，结合工地安防管理需求及特点，海康威视设计提供了一套合理高效的智能实名制考勤系统（人员通道、考勤）解决方案。

方案主要基于解决以下需求。

（1）提供安全、可靠保障：通过出入口闸机＋人证比对识别相结合系统的建设，排除建筑工地的安全隐患，为建设单元及各项目部提供人、财、物全方位的安全保障和安全舒适的工作环境。

将各智能卡子系统关联应用，将建筑工人、管理人员、外来访客及其他临时人员等所有人员全部纳入一卡通系统的管理范畴，完善了技管手段，减少因人为管理所产生的安全疏漏。

（2）提升管理部门管理效率：通过统一发卡平台一次性发卡实现了人员信息在多个子系统中的互联互通，减少了管理的复杂度，体现一卡多用的优越性，极大减少了物管的工作量。

工地实名制考勤管理系统是对工人出入工地的信息采集、数据统计及信息查询等进行有效管理，从而实现全方位的“考勤、门禁、监控、人脸识别比对、信息发布”智能化综合管理。

该系统采用三层网络架构模式，即前端设备子系统、传输网络系统、后端平台业务处理层。前端设备子系统是系统的信息节点，通过在工地现场及出入口安装闸机、人脸识别组件、考勤实时监视器、网关服务器等设备，再经过前端系统的组合、分析、处理之后，通过前端设备中的网络处理单元发送给中心平台。

5. 电子围栏

电子围栏由电子围栏主机和前端探测围栏组成。电子围栏主机主要产生和接收高压脉冲信号，并在前端探测围栏处于触网、短路、断路状态时能产生报警信号，并把入侵信号发送到安全报警中心；前端探测围栏是由杆及金属导线等构件组成的有形周界。通过控制键盘或控制软件，可实现多级联网。

电子围栏的阻挡作用具有很强的威慑功能，在金属线上悬挂警示牌，人们看到便会产生心理压力，且触碰围栏时会有触电的感觉，足以令入侵者望而却步。另外，电子围栏本身是有形的屏障，安装高度和角度适当，很难攀越，一旦入侵者突破系统，就会报警。

6. 安全生产系统

在施工现场，人员作业流动性强，难以监管。安全帽能在多数施工伤害中起到保护作用，降低伤亡风险。然而在实际过程中，不戴安全帽、临时脱帽等违规行为时有发生，不仅增加了安全员的监管难度，还对工地人员的安全构成威胁。同时管理人员由于无从知晓现场人员分布情况，导致现场应急指挥通信慢、成本高、管理难的现状。

安全帽是施工现场人人必备的安全保障基础。在安全帽上加装智能穿戴设备，能够在规范安全帽佩戴的基础上，获取人员地理位置、作业高度。结合施工平面图，场内人员分布一目了然。

人员报到时，管理员录入人员信息，分配给固定编号的安全帽，使用工装将安全帽前端编号录入系统，关联绑定人员。人员考勤后进入工地，系统开始侦听安全帽报警信息，默认人员脱帽 5 min 系统上报告警给指定人员执行监管。

安全帽如果检测到人员在戴帽情况下 5 min 未移动，会提示安全员其可能晕倒了；如果人员在戴帽时遇到大力撞击，会提示安全员及时发现。

人员考勤后，系统无法收到安全帽消息，提示系统安全帽离线。系统能统计安全帽电量信息，保障电池及时更换。

7.塔吊安全监控子系统

塔式起重机是现代施工中必不可少的关键设备，是施工企业装备水平的标志性重要装备之一。随着近年来建筑行业塔机的大量使用，由于塔机违规超限作业和塔机群干涉碰撞等引发的各类塔机运行安全事故频繁发生，造成了巨大的生命财产损失。人们迫切需要在塔式起重机上搭建一套安全监控管理系统，来减少安全生产事故发生，最大限度减轻人员伤亡。

在塔式起重机安全监控管理系统中，通过高精度传感器采集塔机的风速、载荷、回转、幅度和高度信息，控制器根据实时采集的信息做出安全报警和规避危险的措施，同时把相关的安全信息发送给服务器，塔机的监管部门可通过客户端查看到网络中每个塔机的运行情况，保障了对塔机使用过程和行为的及时监管，及时发现和预防设备安全隐患，最大限度减少塔机安全生产事故的发生。

8.车辆管理子系统

建筑工地出入口是项目第一道管理线。汽车起重机、材料运输车、渣土车出入时未清洗上路、无证黑车入场清运等突出现象屡禁不止，引起场内安全隐患，增加了材料管理管理难度，影响了城市道路清洁和安全。通过工地出入口车辆管控能减少甚至杜绝类似的安全隐患。在工地入口视频监控车辆的出场状态并自动采集出入车辆图片信息，实现车辆的可视化管理，真正做到出入记录、取证抓拍。

工地出入口管理系统由补光抓拍单元、出入口控制终端、自动道闸单元组成。工地出入口为双车道各向通行的标准场景，通过设置车道隔离区和强制减速带规范车辆行驶方向和路线。补光抓拍单元负责过车信息采集和控制报警输出，车辆抓拍数据可直接通过自带 4G 终端上传至中心统一管理；在保证数据不丢失且节省带宽流量的情况下通过增设出入口控制终端实现视频录像和过车抓拍图片本地化存储，中心可选择临时视频预览、回放和图片上传备份。结合车辆全球定位系统动态位置驶离工地区域提示，查看出入工地的渣土运输车辆是否蓬盖、清洗是否干净等监控信息记录，手动保存取证并通过平台远程语音警告提示。

在要求对工地出入口及周界进行全景监控时，必须安装高清红外球机。通过合理设置视频轮巡区域与告警事件，对车辆目标通行信息详细记录保存，确保出入口抓拍单元等安防设备设施的运行安全，用于防止无关人员入场、车辆违规出行、恶意冲卡等事件发生。

(1)出入口监控。系统支持在本地值班室对工地出入口监控场景实时查看，也可以通过远程平台或监控中心上墙即时预览和回放。

系统可提供车辆经过全过程录像和抓拍车头图像。星光级抓拍一体机具备大车车灯强光抑制智能成像和控制补光功能，能够在各种复杂环境(如雨雾、强逆光、弱光照、强光照等)下和夜间拍摄出清晰的图片；选用高清网络球机实现全景监控时，系统可看清车辆上路时车身是否清洗、顶盖是否闭合等行为。

(2)车辆捕获。车辆补光抓拍单元对所有过车进行视频检测并自动抓拍。系统能捕获记录的车辆信息包括通行信息和图像数据两大类。车辆通行信息有抓拍时间、地点、方向、车牌、防伪码等，图像数据包含高清抓拍的车辆前端、车牌的图片数据。

(3)车辆识别。系统可自动对车辆信息识别，包括车牌号码、车牌颜色、车型车标等。

(4)车辆布控。系统支持对黑名单车辆和特殊车辆的布控报警。通过补光抓拍单元添加或者导入黑名单车辆、白名单车辆(辖区车辆)等数据库并设置黑白名单起效时间段实现车辆布控，布控报警联动方式包括软件提示、声光报警或联动录像等。

(5)外设控制。抓拍单元和控制终端均支持控制道闸开关，黑白名单布控可联动道闸开关闸，支持外接报警设备、LED 显示屏和音频输入输出等联动报警，系统支持脱机运行。

(6)本地存储与上传管理。采用出入口控制终端可将全天视频图像和所有车辆卡口图片进行本地存储；也可在补光抓拍单元插入 TF 卡实现备用存储，用于存储抓拍图片、违章录像和日志。当超出最大存储容量时，自动对视频数据和图片信息进行循环覆盖。违法数据由中心管理服务器备份存储。

根据实际需要设置将重要图片信息主动上传监控中心集中备份存储。支持手动配置上传过车数据类型，中心收图可选 FTP 上传和布防上传。系统支持断点续传功能，可选历史数据和最新数据优先上传策略将本地 SD 卡或控制终端缓存数据自动补录到中心。

(7)数据查询与统计。根据不同检索条件查询通行信息、报警信息、场内车辆、操作日志、设备状态等信息，支持列表显示车流量的统计分析结果，支持设备和事件报警日志记录。

(8)报警功能。当系统识别出来的车辆车牌不符合条件时，或者车牌在黑名单库时，系统便会自动报警，提示工作人员进行检查。

(9)配置管理。设备参数配置可以实现本地配置，也可以进行远程配置。支持远程下载更新或者外部导入内部车辆库和布控车辆库，支持远程进行权限设置或维护管理。

(10)车辆监控。实现对混凝土运输罐车、自卸车等机械车辆的实时定位、线路规划、轨迹回放、一键呼叫等功能，并自动对车辆可疑轨迹、驾驶员疲劳驾驶等行为报警。

9. 扬尘监测系统

为了有效监控建筑工地扬尘污染，接受市民的监督和投诉，共建绿色环保建筑工地，有必要进行工程扬尘污染自动监控系统的研究和开发。

该系统由颗粒物在线监测仪、数据采集和传输系统、视频监控系统、后台数据处理系统及信息监控管理平台共四部分组成。主要功能包括：

(1)电子地图位置呈现功能。可结合电子地图对设备所在位置进行定位和数据展示，实时展现颗粒物、气象参数、视频等参数信息。

(2)监测因子图形展示。数据展示支持折线图、柱状图、表格等多种形式，用户可以自主设定展示的时间区间，导出打印时支持选用 JPG 图片、PDF、Excel、Word 文档多种格式。

(3)设备监控。系统可以实现实时监视区域内在线监测仪器是否正常工作，数据上传是否正常，掌握当前设备的运行状况及运行进度。当前端数据采集设备或仪器出现故障时，系统将报警信息发送给负责人进行处理，保证系统的正常、稳定运行。

(4)污染物浓度预警。一旦各项监测因子浓度出现异常波动，系统就会启动超标报警。

系统基于对城市扬尘污染监控管理的需求而设计，技术特点和优势主要体现在以下三点：①监测终端系统集成了总悬浮颗粒物、$PM_{10}$、$PM_{2.5}$、温度、湿度、风向和风速等多个环境参数，24 h 在线连续监测，全天候提供工地的空气质量数据，超过报警值时还能自动启动监控设备，具有多参数、实时性、智能化等特性；②通过传感网、无线网、因特网这三大网络传输数据，快速、便捷地更新实时监测数据；③基于云计算的数据中心平台汇集了不同区域、不同时段的监测数据，具有海量存储空间，可进行多维度、多时空的数据统计分析，便于管理部门有序开展工作，同时也为建立工地环境污染控制标准积累数据，以推动对空气污染的长效管理。

10. 拌和站粉料吹灰管理

建筑工程用混凝土生产有着严格的管理制度，对原材料的采购和使用等也是严格管控。对于粉料，按照混凝土质量控制的相关标准和工管中心下发的相应规范，粉料吹入相应储仓后，经过检验方可使用。各建设单位也根据规范和管理制定了严格的管理制度。

仅仅依靠严格的制度不能完全达到管理的目标，还要有管理的手段。为了防止粉料仓内的粉料未检先用的情况发生，需要一套拌和站粉料吹灰管理系统。

拌和站粉料吹灰系统有吹灰关口锁具装置一套，钥匙交由管理人员保管。吹灰管口装置设计有检测传感器。在吹灰口打开后，检测传感器可以检测到门开信号，并认定向粉料仓吹灰，信号传送给监控箱内的控制器，监控箱内控制器接收传感器信号后，将信号进行变换处理，通过工业以太网采用 TCP 的形式向控制系统送出信号。生产线控制系统软件收到信号，冻结吹灰的原料仓，限制生产使用。

## 8.3 基于物联网的智慧校园管理系统

### 8.3.1 应用背景

智慧校园是衡量一个国家和地区教育发展水平的重要标志，要实现教育现代化、创新教育模式、提高教育质量，迫切需要大力推进教育信息化。当前和今后一个时期，要大力推进

“三通两平台”建设，即宽带网络校校通、优质资源班班通、网络学习空间人人通、建设教育资源公共平台、教育管理公共服务平台。

三通两平台解决方案是通过建设统一标准的公共服务平台，将贯穿在教育日常工作中的学生、教师、资产和管理等基础数据，按规范格式统一保存在数据中心，在技术支撑服务平台基础上，统一建设各类教育信息化应用，实现标准化、规范化的统一数据管理，便于各级教育主管部门进行数据管理和统计分析。三通两平台解决方案融合云计算理念进行架构设计，主要分基础设施层、平台服务层、软件服务层、客户端服务层。基于先进、灵活、开放的云计算基础架构，将各类基础数据存储于云端，并有效整合和管理各类教育信息化应用，形成从管理、教学、办公到研究、在线学习等标准、统一的“三通两平台”体系，实现宽带网络校校通、优质资源班班通、网络学习空间人人通以及教育资源公共平台、教育管理公共服务平台建设，为各级教育机构提供高宽带、大容量的教育网络服务，全面、准确、及时的基础数据服务及高效、便捷、实用的教育教学应用服务。

### 8.3.2　智慧校园云平台架构设计

1. 基础设施层

基础设施层主要包括机房环境（布线、制冷系统等）、服务器、存储设备、网络设备、安全设备等基础设施资源。

2. 资源池层

利用云平台的虚拟化技术，将底层IT基础硬件设备进行虚拟化处理，借助云平台控制器对虚拟资源进行统一纳管，屏蔽底层各类硬件环境的复杂性，构建统一的云资源池。

3. 云服务层

云服务层主要包括基础云服务（虚拟机、存储卷、网络资源等）和高级云服务（高性能计算服务、负载均衡服务、简单通知服务等）。

4. 云管控层

云管控层利用可视化界面的方式将云平台各项服务提供给管理人员及云平台用户使用。借助管控平台，管理人员可以对云平台基础资源进行全面监控，对云资源使用规则进行配置，对各应用资源使用进行统计管理等。

5. 云网络安全服务

网络安全服务对整个云管理平台的安全提供防护能力，保障云平台上承载的应用系统及科研数据的安全性。

6. 云灾备份服务

云灾备份服务主要为了保障在出现人为失误操作或者业务系统发生故障时，能快速恢复应用数据及用户数据，降低业务系统数据丢失的风险，提高云平台的可靠性。

### 8.3.3 智慧校园应用平台设计

1.校园门户网站

校园门户网站是学校形象展示、公共信息发布、与外界在线交流、教学与科研成果展现、意见反馈收集、教学改进、招生就业工作促进等方面的一个重要工具，同时也是实现校务公开，以及向社会公众提供优质教育资源信息的途径，对树立学校形象，提高知名度及竞争力，打造良好的人文氛围及社会影响力都有着重要的作用。

随着宽带无线接入技术和移动终端技术的飞速发展，人们迫切希望能够随时随地乃至在移动过程中都能方便地从互联网获取信息和服务，移动互联网应运而生并迅猛发展。在移动互联网时代，移动网站提供了信息和服务的快速入口。学校门户网站作为互联网新媒体名片，紧跟移动互联网发展浪潮，随时随地为教师、学生、家长、社会公众等提供信息和服务将是移动互联网时代学校形象展示和宣传的重要手段。

2.统一身份认证平台

统一身份认证平台为学校各类用户提供统一登录的入口，实现单点登录到教务管理平台、课程教学平台、班级交流平台、实训辅导平台、课件资源管理平台、试题库平台等。同时该平台也提供个人信息设置、我的留言、日程安排、系统 LOGO 设置、页面设置和邮件服务器设置功能。并且系统同时支持以教师工号或以教师名称两种方式登录。

3.教育服务应用

教务教学应用主要包括教务管理、评教管理、课程教学、课件资源、试题库管理、实训辅导、班级交流等业务系统。

平台功能特点包括：

(1)实现学校教务教学的一体化管理，实现职业院校教学全周期、全流程管理。解决学校排课工作复杂且耗时的问题，满足学校排课多样化的需求；支持学校教师申请调课并在审核通过后系统自动更新课表及相关数据，实现系统数据的一致性；支持手机、平板等移动终端登录，实现学生与教师均可随时随地查看与自己相关的课表。

(2)支持教师在线备课，学生在线学习。通过在线教学展示各种类型的资源，增加课堂趣味性，提升学生学习兴趣；资源自主上传，支持在线预览、共享及在线资源自由组装(支持 SCORM 标准)、在线学习及追踪学习进度、随堂测验、在线答疑、课后作业。丰富学校资源库多种格式的文档型资源上传，实现课件资源多样化，提高教师备课质量与效率。

(3)实现无纸化考试，减少教师工作量。通过集成公式编辑器，降低编辑各种复杂公式的难度，提高录入试题的效率；支持多种组卷方式，满足学校对各类试题多样化的组装要求；支持随机考试安排，有效避免学生考试作弊行为的发生；支持网上阅卷与客观题自动阅卷，有效减少教师的工作量，降低教师工作难度。

(4)提高成绩录入效率，支持多样化报表统计分析。通过系统自动统计成绩并分析学生分数段分布情况，提高成绩统计分析工作效率；支持多种成绩形式自定义设置与录入，实现成绩录入的多样化；成绩录入之后采用锁定功能，保证成绩管理的严谨性，支持学生、教师用手机端登录查看成绩；支持在线打印成绩通知单。

(5)构建高效评教系统，深度剖析考核指标。通过全员参与评教，实现评教公平；系统自动统计评教结果，减少评教负责人工作量；通过数据分析结果有针对性地制订教师能力提升计划；支持多种模式评教，提升教学质量，优化教学过程。

(6)可通过网上报名、来校报名、统一报名等多渠道招生，统计新生报到率，便于学校准确分析流失率、流失原因；结合辅助外设（身份证读卡器），简化基础信息录入，保证新生信息准确率；提高新生报到时学校招生教师的工作质量与效率；实现门户网站到招生系统的信息共享，实现招生与学校宣传相结合。

4.学生管理应用

智慧校园平台提供从开学、学期中到期末的一体化管理，共涉及学生管理的八大环节，从学生的开学报到、缴费、入住及教材的订阅和发放等管理，到学期中对学生考核管理，可实现学生平时的行为习惯管理和德育评价考核，以及班级考核与评比，再到最后的期末通知书、奖励评优的整个过程，实现了对学生的一体化管理。

学生管理应用主要包括课程教学、学生管理、教材管理、宿舍管理、学生费用管理、图书管理、考勤管理等系统。

平台功能特点包括：

(1)自定义学校报到类型，可视化报表统计。通过各种报到类型自定义设置，实现与学校报到要求的同步，便于学校第一时间统计并掌握学生报到率和流失率。

(2)多维度德育评比，强化学生行为规范管理。通过整合并规范全校学生管理业务，完善学校对学生德育评价体系，强化学生行为管理规范性，为对学生、班级、班主任考核、评优评先提供最准确和完善的数据基础，为学校对学生的德育评比提供相应依据。

(3)提高学费、奖助减免贷管理效率。收费人员可根据系统自动统计的数据对学生进行相对应的缴费与退费操作，同时系统记录缴费与退费流水账信息，便于查询与统计；支持批量打印缴费发票，减少学费管理员的工作量，从而提高学费、奖助减免贷管理效率。

(4)动态分配学生寝室，提高宿舍管理效率。学校通过系统快速实现学生住宿的分配和调整，对全校学生的住宿情况进行查询统计，减轻学校宿管人员及学生管理部门的工作负担，提高宿管人员与学生管理部门的工作效率。

(5)规范教材管理，提高教材利用率。通过系统辅助学校登记并管理学生、教师所使用的教材，快速、高效地查看、统计学校教材的发放和领取记录，及时了解库存信息；提高学校教材维护效率，便于学校对教材的管理；通过对教材使用情况的统计分析，有效提高教材使用率，降低学校的运营成本。

5.实习就业应用

校企合作管理系统实现了对学校与企业合作的管理，包括企业信息管理、订单学生学习管理、订单班课程管理、订单班学生奖学金管理等，为学校培养人才的针对性、实用性和实效性提供支持。

顶岗实习管理系统是学校有效推进工学结合、学做合一人才培养模式的重要形式，也是培养高技能人才的重要途径之一。实现学生顶岗实习的全过程动态跟踪、指导、管理，对各项数据进行收集、统计与分析等，为优化教学策略、完善就业工作提供有力支撑。就业管理系统为学校提供完善的就业管理业务功能，便于进行招聘管理、学校就业登记、就业跟踪；便于学生了解用人单位的招聘信息和学校对毕业生的跟踪管理，从而实现学校专业的就业情况分析。

平台功能特点：

(1)毕业流程可视化，离校流程便捷化。通过毕业相关设置，帮助学生了解毕业标准及达标条件，协助学生办理毕业手续，减少学校毕业处理工作量；帮助班主任实时监控自己学生毕业达标情况，以便于学生能够尽快毕业。

(2)强化学校、企业、学生三者间的相互衔接。通过系统企业可以发布招聘信息并对已投递简历进行相应处理，学生可以查看招聘信息并向自己认为合适的企业投递简历；提升学校就业率；提升企业用人率；便于企业与学校之间进行论坛交流。

(3)强化学生实习过程管理，支持移动端报表填阅。通过系统统一部署，解决了因为实习地点分散而造成的学生监控管理困难问题，提高学校对学生顶岗实习阶段的管理水平；帮助学校实时监控学生转岗时岗位跟踪情况，便于学校对学生实习情况进行分析及统计，支持手机、平板等移动终端登录掌上系统，实现个人实习工作计划与总结的填报，为学生实习阶段考核提供过程性数据。

(4)多维度追踪毕业信息，大数据呈现概率统计。通过对系统数据的统计与分析，学校可以了解到各专业及整体就业率，便于学校分析各专业及整体的就业趋势、统计本年度的毕业生数量、统计与分析主要用人单位的相关情况及对毕业生的就业跟踪，提升学校就业率和就业质量。

6.后勤办公应用

涵盖人事管理系统、办公OA系统、资产管理系统、短信发送系统以及考勤管理系统。

平台功能特点包括：

(1)简化教师信息维护步骤，保证基础数据同步。通过扫描身份证录入身份基本信息和批量导入教职工信息，减少人事专员工作量，保证教职工信息的准确性；通过直接导入表格形式的工资表，减少人工输入的工作量；支持多校区教职工信息数据迁移与同步维护，保证学校所有教职工信息的一致性。

(2)灵活的考勤设置实现精细化管理。通过考勤规则设置可以灵活满足学校的各类考勤要求，解决学校考勤工作量大、考勤不方便等问题。

(3)强化资产管理规范，降低运营维护成本。通过打印资产标签，提高资产管理合理性与规范性;通过系统记录和数据分析产出报表为易耗品成本决策提供指导意见,帮助学校对资产进行管理,提高学校工作效率、降低成本,有助于学校真正实现节约的原则。

(4)支持电子签章,实现无纸化办公。通过现代化信息管理手段,优化工作流程、规范工作模式;促进学校各部门的信息共享与协同工作,提高办公质量与效率,提高决策的科学性与正确性;实现学校各种流程办公自动化,规范、简化审批流程,节约审批成本,提高审批效率与工作效率;支持电子签章,实现无纸化办公,节约办公成本;实现学校日常办公电子化与一体化。

(5)实现图书管理智能化。通过对图书的来源、流通和日常管理,实现完全闭合的数据监控;促进学校书刊管理的信息化,提高管理水平与效率;方便全校师生借阅,实现学校书刊管理的智能化管理。

(6)学校内部交流安全、高效、可管理。与人事管理系统共用学校组织机构数据,并保持数据的同步;在即时通信工具中支持一键登录到平台;教职工可通过系统进行交流、消息及文件群发,保证消息传达的准确性、即时性、安全性,提高学校内部的工作效率。

7.云录播系统

根据项目的需求和实际环境,系统主要由以下几个部分组成:教室视频采录系统、教室音频采录系统、媒体资源直播点播系统等。

系统支持高清、标清同一平台;支持 H.264 和 WMV 等多种编码格式;可自动录制与上传;支持多分屏与电影模式同时生成;支持索引实时生成;支持录制课件本地存储和异地备份;支持实时视频预览、导播及多种特效;支持实时添加任意位置、颜色、大小、字体的字幕;支持任意大小、位置的校标;录制好的 AV 及 VGA 均为通用标准格式(如 ASF、WM、VMP4 格式);可以支持高清课件录制。

控制室配置录播服务器,服务器同时具有 1 组 VGA 接口、1 组 HDMI 接口、1 组 DVI 接口、3 组音频接口,6 组 USB,1 组 10/100/1 000 Mb/s RJ-45,I7-3770K 处理器,4G 内存(2X2G),2T 存储空间,标准 H.264/WMV 压缩算法,课件格式 WMV/ASF/MP,4 所有分辨率下可达到 30/25(NTSC/PAL)帧/秒;码率 800 Kb/s～15 Mb/s。延时小于 200 ms。音频采样率 8～320 K。

系统总体功能:

1)系统能够实时生成精品课程课件,视频和 VGA 均录制成 WM、VASF、MP4 等通用格式的课件;编码方式采用 H.264 和 WMV,用户可根据需要选择切换。

2)教室内的系统平台支持高清视频信号的接入,同时支持标清视频信号,本地视频信号及网络视频信号的接入与统一管理,允许不同模式的录播在同一平台工作,方便后期系统扩展需要。

3)系统支持多分屏(二分屏、三分屏、四分屏、画中画等模式)、电影模式课件同时生成,且两种模式生成的课件之间没有关联,为后期编辑提供充分的素材。

启用电影模式时,自动显示各切换场景的输出效果、台标设置、字幕设置、片头片尾等丰富的设置项;片头片尾的时间设置不小于 600 s;录制过程中能使用淡入、淡出、百叶窗等多种特技效果,系统支持实时添加字幕、台标等。导播时要有视频预览功能,在得到稳定的图像后再做切换。录制的课件可以本地存储,也可以分类存储到媒资服务器上。支持课表联动功能,全自动精品课程录播系统支持与学校电子课表联动,也可设定时间定时录制,无需人为管理,实现无人值守。

录播平台的录制、直播、上传等功能控制按键在同一界面,且可以自由组合。可通过录播控制界面实现一键录播。录播界面中显示声音的状态,可有效抑制过高声音形成声音失真的现象。录制的同时可分类上传到媒体资源管理平台上,对录制课件可按学科、按系室存放,便于归类管理;支持视频课件的直播、点播,支持课件索引搜索、公告、节目源、用户、节目的管理与设置等。系统对所有授权的用户均可实现通过网络对录播课程进行直播、点播。

远程管理平台支持远程对录播教室进行管理,支持场景切换及状态显示;支持各路视频信号的预览显示。录制的课件无需转换即可支持第三方通用编辑软件的后期编辑制作。避免录制的课件只能采用固定的编辑平台进行编辑。

8. 录播系统

录播系统是具有丰富的功能、稳定的性能和自主知识产权,专为教育信息化而设计开发的一套先进录播系统。其主要特色功能包括:录播平台支持标清、高清信号的采集;支持单机模式及网络模式下视频信号的采集录制。开始录制、开始直播、开始上传、暂停、停止等按键在同一界面,功能可自由组合。

支持中控一键自动录制,无需更多的系统设置等操作、管理,实现常态化教学。科技精品录播课程可与电子课表实现联动,也支持简单的定时录制。可与电子课表联动定制录制,也可实现自动定时录制。精品课件本地录制的同时资源分类上传,实现异地备份。精品课件的录制、直播与上传有相互独立的功能按键,可自由控制,不影响其他功能的实现。支持多分屏课件与电影模式课件同时生成,既实现用户多分屏预览,又有电影课件的各种效果,而且为后期编辑制作提供素材库。视频课件与 VGA 课件在统一界面,并且生成统一的标准格式课件。录播界面有声音状态显示,提示主讲人随时关注自己音量大小。

录播系统提供用户可自由选择的编码方式(H. 264、WMV)和课件生成格式(. ASF、. WMV、. MP4)。系统支持手动、自动智能导播平台,支持 15 种以上特效转场,平台可添加 LOGO 台标和实时滚动字幕。系统支持片头、片尾文件的自动添加。片头片尾设置时,只要将制定好的图片导入即可,片头片尾可根据课件需要延长的时间自行设定。

9. 媒体资源中心系统架构

媒体资源中心是录播资源等资源的存储中心,是一个以视频资源上传、存储、编辑管理、点播为主体的网站系统。

10. 虚拟演播室系统

系统功能特点包括:

(1)单机双渲染引擎上实现双通道渲染、多路色键,所以最终有两路抠像叠加输出,并且输出通道可以实现特技切换,这里包含淡入淡出、画像、卷页等特技切换效果。

(2)配备虚拟专用外置 U－Plust 特技切换台,使虚拟节目导播和传统节目一致,本地硬盘收录多画面实时监看。独创的前景分割模块极大地拓展了演播室空间。摄像机镜头遥控组件,轻触鼠标即可完成对摄像机镜头的光学变焦控制。

## 8.4　基于物联网的城市北斗消防救援管理系统

### 8.4.1　应用背景

北斗卫星导航系统(BDS)是中国正在建设的自主发展、独立运行的全球卫星导航系统,是国家重要的空间信息基础设施,对推动国家经济社会发展具有重要意义。随着社会和经济的发展,人们对卫星导航的需求越来越大,卫星导航在交通运输、气象、石油、海洋、森林防火、灾害预报、通信、公安以及国家安全等诸多领域提供高效的导航定位服务,成为国家的经济、社会发展安全可靠的保障。同时,卫星导航也是一个国家的战略性新兴产业,对国民经济是一个新的经济增长点,对推动国家信息化建设、调整产业结构、提高社会生产效率、转变人民生活方式、提高大众生活质量都具有重要意义。

我国拥有规模十分庞大的导航与定位用户。近年来,随着国民经济的快速发展和人民生活水平的提高,以及位置信息服务(LBS)内容的日益丰富,我国的导航用户呈现出迅猛发展的势态。与此同时,用户对导航定位的质量(包括精确性、实时性、连续性、完好性等)及导航增值服务的内容提出了更高的需求。

面向发展我国自主的北斗卫星导航服务系统的需求,基于××省的发展战略,以新一代的网络化卫星导航差分增强技术、实时导航信息数据处理和广域精密单点定位技术为主要支撑,建立覆盖全省及周边区域,纳入全国一张网的,定位精度优于 1 m 的实时定位系统,推动从增强信号播发、精密定位终端生产到广域精密定位服务的导航产业化,建立高精度卫星导航增强服务平台。

北斗产业是新兴高技术产业,其中,北斗高精度定位服务系统是北斗系统建设的一个重要组成部分。该系统对国家战略层面具有十分重要的意义,其发展对推动××省经济转型、产业结构调整、提高社会生产效率、改善人民生活、提升核心竞争力也具有重要的现实意义和长远的战略意义。

### 8.4.2　系统总体思路

基于北斗导航技术的消防救援管理工程通过北斗基站及无线通信网络,将灭火出动途中、灭火战斗中的消防车辆的行驶路线、车辆位置信息、火灾现场信息等融合到已经建设好的消防物联网中,实时传送到消防调度指挥中心,显示消防车路线、消防车辆位置信息、火灾现场时报信息、水源救助保障信息以及参与救援人员的位置等。指挥中心的调度员根据情况,通过无线通信设备,及时对出警车辆进行调度指挥和行车路线矫正,及时管理参与救援的人员。系统主要由基础支撑层、网络传输层、数据层、服务层和应用层组成,系统整体框架如图 8-9 所示。

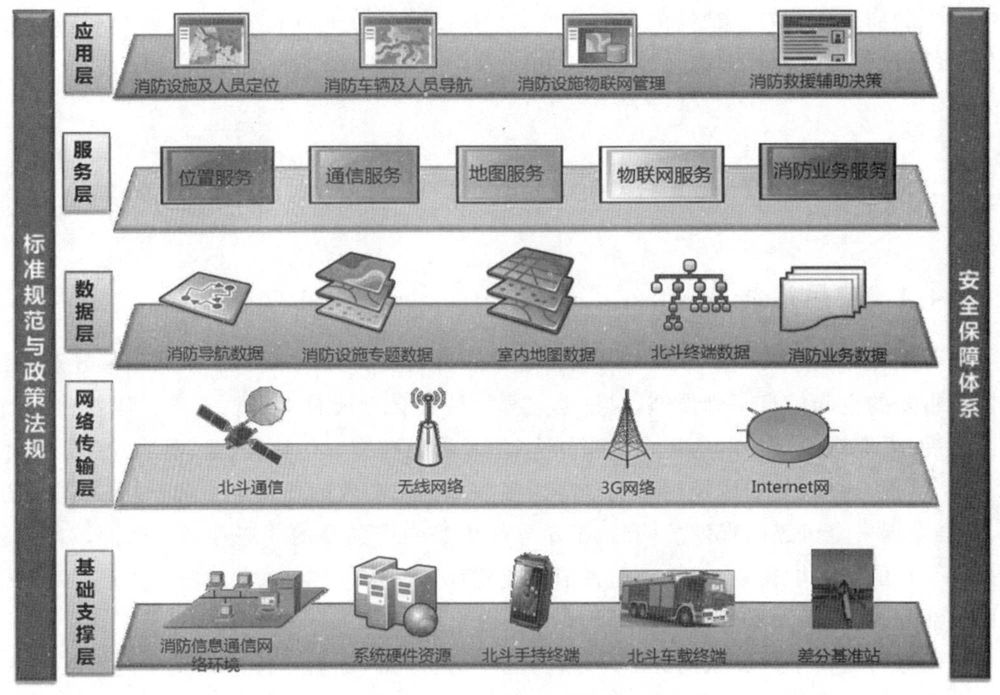


**图 8-9 总体技术方案**

(1)应用层:是用户与消防救援管理平台交互的界面,是展现层,强调用户使用的功能组成。按照业务不同划分为多个系统,主要包括消防设施及人员定位、消防车辆及人员导航、消防设施物联网管理、消防救援辅助决策等子系统。

(2)服务层:系统的核心业务层,为业务应用层提供支撑,向用户提供位置服务、通信服务、消防救援业务服务、用户管理服务、系统监控服务、电子地图服务等,同时负责本平台与现有业务数据库的信息对接。

(3)数据层:支撑消防救援管理业务应用,主要由消防导航数据、室内地图数据、消防设施专题数据、北斗终端数据、消防业务数据组成。包括矢量地图数据库和影像数据库等高精度导航信息、室内导航地图、消防动态监测信息及其他服务信息等。

(4)网络传输层:描述了各类消防终端设备与消防救援管理平台间所使用的网络通信的结构规范,主要分为两类:移动通信网络和北斗 RDSS 通信。通过网络传输层将屏蔽掉不同网络的差异,实现跨网的通信,将用户关心的数据传入信息服务层,实现多网的融合,并且系统具有可扩展性,可以快捷接入其他网络系统提供的网络服务。

(5)基础支撑层:业务系统运行的硬件环境,包括网络环境设备、系统主机与存储系统、手持型北斗终端、车载型北斗终端等关键技术装备,以北斗卫星基础设施、北斗地基增强加密站点、流动站点和观测站点为支撑,为系统建设提供技术装备支持。

### 8.4.3 消防救援管理平台设计

管理平台支持多种类型的北斗移动终端信息接入,包括手机、平板电脑等,便于救援的现场指挥，主要分为四大子系统：消防设施及人员定位子系统、消防车辆及人员导航子系统、消防设施物联网管理子系统和消防救援辅助决策子系统。

1. 消防设施及人员定位子系统

在消防车辆、人员穿戴设备上安装北斗定位芯片，利用北斗定位、室内定位技术实时获取车辆及人员的位置信息；在消防设施上安装北斗定位芯片或利用北斗定位技术测量消防设施的空间位置信息，制作消防设施专题图；子系统可实时对消防车辆、人员和设施进行定位管理。

2. 消防车辆及人员导航子系统

利用北斗导航技术，结合北斗导航地图，实现对消防车辆出警路线的导航，通过室内定位，可对人员在室内救援时进行导航，指示其最近出口、最近水源、最近救援物资及人员等，提高消防人员的救援效率，减少人员和财产损失。

3. 消防设施物联网管理子系统

接入消防物联网管理平台，实时对消防设施和器材的有效性、可用性等进行监测，对于损坏的消防设施及时报警维修，保证消防设施处于良好的运行状态。同时还能够准确地反映消防设施的完好率、故障率、故障原因及值班人员的工作情况等，以便及时统计、及时上报、及时维修、及时改进。加强社会单位消防管理者的责任，大幅降低企业在消防方面的管理、运行、维护、救灾的成本。客观、实时地提供给消防救援、企业管理、维护保养等方面以供决策参考。

消防物联网信息管理平台由基础设施即服务(IaaS)、中间件、平台即服务(PaaS)和软件即服务(SaaS)组成，如图 8－10 所示。

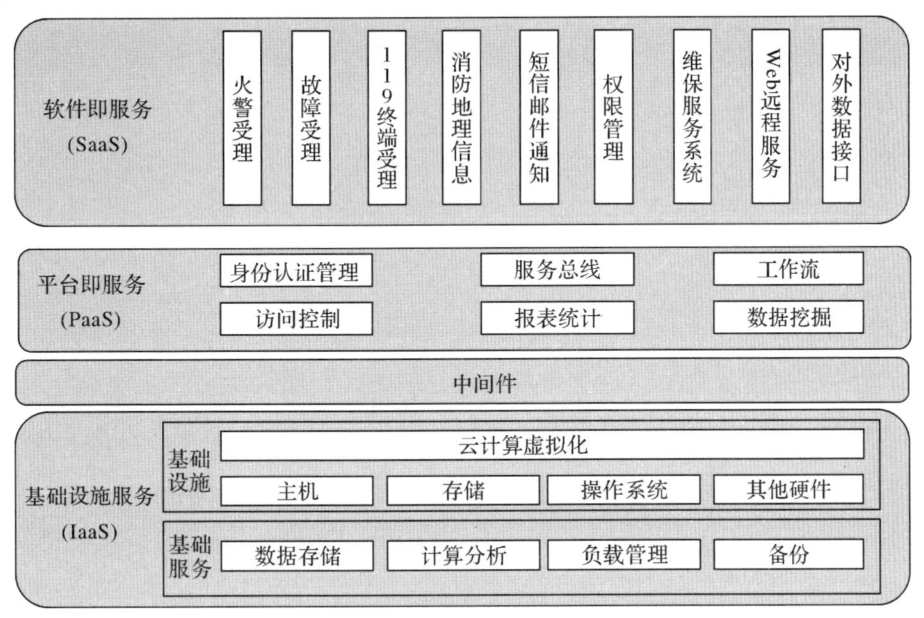


图 8－10　消防物联网信息管理平台技术架构

基础设施即服务(IaaS)由基础设施和基础服务组成。其中基础设施包括主机、存储、操作系统、其他硬件和云计算虚拟化,基础服务包括数据存储、计算分析、负载管理和备份。

平台即服务(PaaS)主要由身份认证管理、服务总线、工作流、访问控制、报表统计和数据挖掘组成。

软件即服务(SaaS)主要由火警受理、故障受理、119火警流转、消防地理信息、短信邮件通知、权限管理维保服务系统、Web远程信息服务系统和对外信息接口组成,是整个系统的管理层,与用户交互,提供良好的管理界面,负责整套系统的运行,为用户提供多种功能服务。

## 8.5 小结

物联网工程应用较多,遍及智能楼宇、智能家居、路灯监控、智能医院、智慧能源、智能交通、水质监测、智能消防、物流管理、政府工作、公共安全、资产管理、军械管理、环境监测、工业监测等诸多领域。

物联网将成为继计算机、互联网和移动通信网之后的世界信息产业第三次浪潮。目前运营商涉足物联网主要包括智能传输通道和行业集成解决方案两种模式。智能通道是指运营商在终端M2M以及应用平台上提供可靠的协议或者是模组和二次开发的环境,通过对移动网络专业性的理解和规模化的经验,来跟产业链各方合作,已达到共赢的局面。智能通道模式下的共赢,实际上仍是以运营商为产业主导,但在技术发展、商业模式、利益博弈等诸多问题的限制下,当物联网涉及到远远超出通信行业的利益时,运营商能否一呼百应,还有待市场的检验。

# 参考文献

[1] 于瑞玲.基于云计算的物联网技术研究[M].北京:新华出版社, 2020.
[2] 吴标兵.物联网社会的治理创新研究[M].北京:中央编译出版社, 2020.
[3] 廖建尚,冯锦澎,纪金水.面向物联网的嵌入式系统开发:基于 CC2530 和 STM32 微处理器[M].北京:电子工业出版社, 2019.
[4] 张元斌,杨月红,曾宝国,等.物联网通信技术[M].成都:西南交通大学出版社, 2018.
[5] 王真.上下文感知的物联网服务协同关键技术研究[D].北京:北京科技大学,2023.
[6] 赵娟.面向 6G 物联网的高效无线接入关键技术研究[D].南京:南京邮电大学,2023.
[7] 程思哲.基于物联网和数据挖掘技术的危化品预警平台的设计与实现[D].南京:南京邮电大学,2023.
[8] 夏天.面向电力物联网的低时延通信路由技术研究[D].南京:南京邮电大学,2023.
[9] 肖小英.物联网环境下基于区块链和 IBE 的访问控制研究[D].南京:南京邮电大学,2023.
[10] 韩亚敏.面向物联网的区块链系统性能分析与优化[D].南京:南京邮电大学,2023.
[11] 宋一杭.面向物联网弱终端的低功耗通信及接入理论和关键技术研究[D].成都:电子科技大学,2023.
[12] 李明时.工业物联网安全通信关键技术研究[D].沈阳:中国科学院大学(中国科学院沈阳计算技术研究所),2023.
[13] 柴安颖.面向智能生产线的工业物联网通信服务质量关键技术研究[D].沈阳:中国科学院大学(中国科学院沈阳计算技术研究所),2023.
[14] 张文正.基于农业物联网的数据管理系统[D].南京:南京邮电大学,2022.
[15] 张冬杨.2019 年物联网发展趋势[J].物联网技术,2019(2):5-6.
[16] 邵泽华,梁永增.物联网管理平台[J].物联网技术,2021,11(2):98-100.
[17] 刘俊勇,潘力,何迈.能源物联网及其关键技术[J].物联网学报,2020,4(4):9-16.
[18] 余文科,程媛,李芳,等.物联网技术发展分析与建议[J].物联网学报,2020,4(4):105-109.
[19] 郭非.物联网中若干关键安全问题研究[D].上海:上海交通大学,2022.

[20] 苏春霞.面向物联网用户服务需求的资源分配算法研究[D].哈尔滨:哈尔滨工程大学,2022.
[21] 乔蕊.物联网联盟链数据存储与访问控制关键技术研究[D].郑州:中国人民解放军战略支援部队信息工程大学,2022.
[22] 宋航.物联网系统服务质量优化方法研究[D].沈阳:东北大学,2022.
[23] 李进.支持边缘计算的物联网服务协同框架及其关键技术研究[D].南京:南京大学,2022.
[24] 李学锋.基于物联网的云资源优化配置方法研究[D].武汉:华中师范大学,2021.
[25] 陈博.以信息为中心物联网互联架构与关键技术研究[D].北京:北京邮电大学,2021.
[26] 童英华.物联网监测系统的可靠性分析及优化[D].西宁:青海师范大学,2021.
[27] 申自浩.基于机器学习的物联网攻击检测关键技术研究[D].长春:吉林大学,2021.
[28] 曲至诚.天地融合低轨卫星物联网体系架构与关键技术[D].南京:南京邮电大学,2021.
[29] 汪胡青.物联网寻址安全关键技术研究[D].南京:南京航空航天大学,2021.
[30] 王书龙.物联网接入系统架构及关键技术研究[D].北京:北京工业大学,2019.
[31] 陈博.物联网运营商的客户忠诚影响因素及作用机理研究[D].北京:北京邮电大学,2019.
[32] 吴岳辛.物联网异构环境互操作关键技术研究[D].北京:北京邮电大学,2018.
[33] 苏美文.物联网产业发展的理论分析与对策研究[D].长春:吉林大学,2015.
[34] 毛学林.基于分层建模及多选择元路径的物联网数据处理方法研究[D].长春:吉林大学,2022.
[35] 张叶.基于恶意软件分析的物联网威胁情报挖掘关键技术研究[D].无锡:江南大学,2022.
[36] 朱克傲.基于区块链的物联网传输安全模型与实现[D].南京:南京邮电大学,2022.
[37] 巫倩.面向物联网的微服务数据平台与资源调度研究[D].西安:西安电子科技大学,2022.
[38] 吴远兮.物联网环境下基于 CPABE 的数据访问控制和密文搜索技术研究[D].南京:东南大学,2022.
[39] 吴昊.面向目标跟踪的物联网时空数据处理技术研究与实现[D].南京:南京邮电大学,2021.
[40] 于龙海.面向物联网系统的安全技术研究[D].广州:广东工业大学,2021.
[41] 碗昀皓.物联网情境下个人信息权的保护[D].武汉:华中师范大学,2021.
[42] 张方哲.物联网安全态势感知系统的研究与实现[D].济南:山东大学,2021.
[43] 秦昊冉.济南 L 通信公司物联网业务发展战略研究[D].杨凌:西北农林科技大学,

2020.
[44] 梁巍.成都市物联网产业发展战略研究[D].成都:电子科技大学,2020.
[45] 张伟康,曾凡平,陶禹帆,等.物联网无线协议安全综述[J].信息安全学报,2022,7(2):59-71.
[46] 任玮.面向物联网的软件定义网络控制技术研究[D].北京:北京邮电大学,2022.
[47] 徐梓桑.物联网中的相互认证及密钥协商协议研究[D].长沙:湖南大学,2022.
[48] 李丽颖.物联网设备与数据的可用性优化技术研究[D].上海:华东师范大学,2022.
[49] 康健.基于区块链的物联网身份认证的研究[D].北京:北京邮电大学,2022.
[50] 孟祥宇.量子物联网的密钥资源分配机制研究[D].北京:北京邮电大学,2022.
[51] 程潜.内容中心物联网的 CCN 协议开发与缓存策略研究[D].北京:北京邮电大学,2022.
[52] 和青青.基于博弈论的物联网隐私保护研究[D].上海:东华大学,2022.
[53] 左碧露.基于区块链和雾计算的物联网设备认证方案研究[D].西安:西安理工大学,2022.
[54] 范思嘉.基于区块链的可信物联网研究[D].成都:电子科技大学,2022.
[55] 张璨.面向隐私保护的物联网服务推荐方法研究[D].曲阜:曲阜师范大学,2022.
[56] 葛天雄.基于 MQTT 的通用物联网安全系统框架[D].杭州:浙江大学,2022.
[57] 严国秀.基于区块链的物联网标识管理的研究[D].南京:南京邮电大学,2022.
[58] 王妍舒.A 市移动公司物联网产品营销策略研究[D].北京:北京邮电大学,2022.
[59] 绳金涛.面向物联网的服务网格架构设计与方法研究[D].西安:西安电子科技大学,2022.
[60] 张磊.基于异常数据检测算法的物联网云平台设计与应用[D].上海:华东师范大学,2022.
[61] 简美平.京东方物联网产业链模式绩效研究[D].广州:广东财经大学,2022.
[62] 袁博.面向软件定义的智能物联网网关的研究与设计[D].杭州:杭州电子科技大学,2021.
[63] 顾志豪.基于跨链技术的物联网敏感数据保护与交换方法研究[D].郑州:郑州大学,2021.
[64] 谷超.基于区块链的物联网数据安全共享模型与关键机制研究与实现[D].北京:北京工业大学,2021.
[65] 罗蔚然.基于无人机的物联网数据采集优化[D].深圳:中国科学院大学(中国科学院深圳先进技术研究院),2021.
[66] 杨君豪.基于区块链的物联网隐私保护访问控制技术研究[D].桂林:广西师范大学,2021.

[67] 罗旭鹏.基于软件定义网络的物联网安全技术研究[D].深圳:深圳大学,2021.
[68] 刘凡.基于角色的物联网任务分配算法研究[D].淮北:淮北师范大学,2021.
[69] 贾煜璇.大规模物联网设备组织信息的发现与提取[D].北京:北京交通大学,2020.
[70] 韩黎晶.面向物联网数据的自动语义标注方法研究[D].昆明:云南师范大学,2020.
[71] 刘雯琪.物联网中基于深度强化学习的无人机路径规划[D].北京:北京工业大学,2020.
[72] 黄文耀.物联网分布式拒绝服务攻击防御研究[D].深圳:深圳大学,2019.
[73] 陈琳,贺峪原.物联网技术在军事物流中的应用研究[J].铁路采购与物流,2023,18(6):50-52.
[74] 韩松岳,黄伟,李立甫,等.5G MEC系统构建与军事应用场景设计[J].信息技术,2023(6):35-42.
[75] 李步杰,姜江,赵青松.区块链赋能5G在军事物联网中的应用探讨[J].物联网技术,2023,13(6):94-96.
[76] 张萌,杨志伟,姜江,等.军事物联网体系试验初探[J].军事运筹与评估,2023,38(1):67-72.
[77] 董旭雷,朱荣刚,贺建良,等.基于区块链的无人机群军事应用研究[J].电光与控制,2023,30(2):56-62.
[78] 李沛甲.智慧军营安防一体化平台软件设计与实现[D].西安:西安电子科技大学,2017.
[79] 支涛.基于RFID的军营安全管理系统研究[D].成都:电子科技大学,2016.
[80] 戴立坤.基于物联网技术的物流车辆远程故障诊断定位系统设计[J].物流技术,2014,33(9):441-443.
[81] 汤瑞.基于BIM技术+智慧工地的企业级项目综合管理系统研究[J].安徽建筑,2023,30(8):86-88.
[82] 崔进.基于智慧工地的信息化安全质量管理系统研究[J].中国建筑金属结构,2023(3):187-189.
[83] 李德倩,苏娇健,赵梓衡,等.基于智慧工地信息化管理系统应用研究[J].建筑与预算,2023(2):7-9.
[84] 樊雪,杨文,董庆杰.基于大数据技术的智慧校园信息化管理系统建设研究[J].长江信息通信,2023,36(9):139-141.
[85] 赖于树,杨成龙,李秋月,等.物联网与云计算技术在高校智慧校园建设中的应用[J].现代职业教育,2023(13):109-112.
[86] 邹方勇,李玉亮.基于物联网的消防车辆现场信息监控管理系统研究[J].建筑电气,2022,41(8):69-72.
[87] 程泽,何启睿,宋庆浩.基于ZigBee及RFID的智慧校园资产管理系统设计[J].无线互

联科技,2020,17(20):63 - 65.

[88] 刘逸琛,谢文勇,柳彩志.基于智慧校园理论的智慧一卡通学生管理系统设计与开发[J].电脑知识与技术,2017,13(17):98 - 102.

[89] 蒋达央,姚琪.基于大数据背景下智慧校园的可视化管理信息系统的研究[J].常州工学院学报,2016,29(1):73 - 76.

[90] 宋洁璇,杨航,吴戈男,等.从俄乌冲突看典型陆战场天基信息战术应用[J].中国军转民,2023(19):146 - 147.

[91] 李寒.俄乌冲突中美对乌技术情报支援行动初探[J].中国军转民,2023(18):59 - 60.

[92] 张旭东,简安琪.俄乌冲突对南海局势的影响与中国应对[J].中国军转民,2023(18):146 - 147.

[93] 杨光明,李越,赵永博,等.俄乌冲突中高温武器的致伤特点与救治原则[J].创伤外科杂志,2023,25(9):654 - 658.

[94] 韩党生,王武科 ,程燕.从俄乌冲突看装甲车辆生存之道 俄乌伏击与反伏击战斗剖析[J].坦克装甲车辆,2023(15):54 - 60.